普通高等教育“十三五”规划教材
电工电子基础课程规划教材

电工技术实验

主　编　陈佳新

副主编　陈炳煌　林淑华　庄　军　卢光宝

電子工業出版社
Publishing House of Electronics Industry
北京·BEIJING

内 容 简 介

本书按照国家教育部课程教学指导委员会关于“电路”课程和“电工学”课程教学及实验教学的基本要求编写而成。主要内容包括：电工技术实验的基础知识、Multisim 软件简介、直流电路实验、交流稳态电路实验、动态电路及二端口网络实验、变压器与电动机实验，以及常用仪器设备及器件的使用知识。

本书力图反映近年来“电路”课程和“电工学”课程实验教学改革的成果及电工测量新技术的应用，可作为高等学校本科专业相关课程的实验教学用书，也可供有关工程技术人员参考。

图书在版编目（CIP）数据

电工技术实验 / 陈佳新主编. —北京：电子工业出版社，2018.6
ISBN 978-7-121-34527-2

Ⅰ. ①电… Ⅱ. ①陈… Ⅲ. ①电工技术－实验－高等学校－教材 Ⅳ. ①TM-33

中国版本图书馆 CIP 数据核字（2018）第 128304 号

策划编辑：王羽佳
责任编辑：裴　杰
印　　刷：北京捷迅佳彩印刷有限公司
装　　订：北京捷迅佳彩印刷有限公司
出版发行：电子工业出版社
北京市海淀区万寿路 173 信箱　邮编：100036
开　　本：787×1 092　1/16　印张：9.5　字数：243.2 千字
版　　次：2018 年 6 月第 1 版
印　　次：2021 年 6 月第 5 次印刷
定　　价：24.00 元

凡所购买电子工业出版社图书有缺损问题，请向购买书店调换。若书店售缺，请与本社发行部联系，联系及邮购电话：（010）88254888，88258888。

质量投诉请发邮件至 zlts@phei.com.cn，盗版侵权举报请发邮件至 dbqq@phei.com.cn。

本书咨询联系方式：（010）88254535，wyj@phei.com.cn。

前　言

电工技术实验是“电路”课程和“电工学”课程的实践性环节，它是以培养和提高学生的科学实验素养，培养学生的实验能力和实验技能，理论联系实验为主要内容的。为了加强实验教学，根据“电路”课程和“电工学”课程及实验教学的基本要求，在《电路实验》教材的基础上，结合我校长年积累的实验教学经验，以及我校“电子信息与电气技术国家级实验教学示范中心”的建设，加入了实验教学改革的成果，编写了本书。

编写本实验教材的指导思想是：密切理论同实验的联系，充分发挥实验这个实践教学环节的作用，注重学生在实验中动手能力与分析能力的培养，让学生由不能独立到半独立，再到基本独立地进行实验，以求实践能力的提高。

本实验教材的编写特点是：

1．为了加强实验教学，本书将电工测量技术、电工技术实验知识、电工技术实验内容、常用电工仪器仪表使用知识融为一体、自成体系，实验课题又紧密配合电工技术理论。

2．循序渐进，由易到难。课题实验内容由较为详细到有所简略，使初学者能在教师指导下顺利进行实验，得到初步训练，到半独立地进行实验，进而得到进一步的训练。最后则通过学生自行设计实验、仿真实验，让学生能基本独立地进行实验，得到较全面的训练。

3．每个课题实验，都包含有实物实验和计算机仿真实验，将两者结合在一起，对学生进行全面的实验技能和动手能力的训练，对培养学生的创新能力有很大的帮助。

本书由福建工程学院的陈佳新担任主编，最后统稿并定稿。书中第 2 章及每个计算机仿真实验内容由陈炳煌编写，第 6 章、7.13 节、7.14 节由庄军编写，第 7 章其余内容由林淑华编写，卢光宝参与了每个计算机仿真实验内容编写，其余内容由陈佳新编写。本书力图反映近年来电工技术实验教学改革的成果及电工测量新技术的应用。全书内容编排合理、概念准确、叙述清楚，便于自学。

本书可作为高等学校本科相关专业“电路”课程和“电工学”课程的实验教学用书，也可供有关工程技术人员参考。在编写过程中，得到了其他老师的支持和宝贵意见，谨表谢意；同时我们学习和借鉴了相关的参考资料，在此向所有资料的编写者们表示深深的感谢。

由于时间限制和编者学识的局限，书中难免有错漏或不妥之处，恳请广大读者在使用过程中提出宝贵意见。作者的邮箱：cjx@fjut.edu.cn。

编　者

2018 年 5 月

目　录

第 1 章　电工技术实验的基础知识

1.1　实验须知

1.1.1　实验的意义和目的

电工技术实验是“电路”课程和“电工学”课程教学的重要环节，它是以培养和提高学生的科学实验素养，培养学生的实验能力和实验技能，理论联系实验为主要内容，是一门以实验为主的基础课程。学习电工技术理论一定要进行实验，电工技术理论的建立就是在实验的基础上实现的。要求学生具有理论联系实际和实事求是的科学作风，严肃认真的学习态度，主动研究的探索精神和遵守纪律、爱护公共财产的优良品德。

学生通过电工技术实验，主要是要达到以下几个目的：

（1）掌握电测量的一般知识

通过电工技术实验，学生要掌握若干电工技术中常用的电工测量仪器仪表，理解电工测量仪器仪表的结构、原理，掌握其使用方法。

（2）验证理论，加深对电工技术理论的理解

实验是学生学习理论与实践的重要环节。学生自学了或在课堂上学习了电工技术理论的各种概念、定律和定理，一般还是抽象的，停留在纸面上的。通过实验，通过对实验现象的观察和对电量的测量，能够用电工技术理论对实验结果进行分析。学生可以直接进行验证，认识理论的正确性，从而加深对电工技术理论的理解，把知识掌握得更加牢固。

（3）技能训练，增强实践能力

通过实验，掌握电工技术实验技能，既可训练学生的实验动手能力，又能训练分析问题的能力，培养严肃认真的科学作风。在电工技术实验中，学生不但能动手做实物实验，也能做计算机仿真实验，以进一步理解计算机技术在电路仿真实验中的应用，对培养学生的创新精神和实验手段有一定的帮助。

1.1.2　实验设备

进行电工技术实验，必须使用各种实验设备。实验设备大体可分为电源设备、被测试设备、测量仪表、电路连接设备等。

电源设备有直流稳压电源、交流电源、交流调压器、低频信号发生器等，其作用是向实验电路施加所需要的激励。

常用的被测试设备有各种电阻器（固定的、滑线可变的、十进制电阻箱等）、电容器、电容箱、电感线圈、元件箱、实验用灯排、日光灯、小型变压器、电动机等，其作用是组成实

验电路以进行测试研究。常用的测量仪表有各种形式的（磁电系、电磁系、电动系、数字式等）电压表、电流表、功率表、万用表以及示波器、毫伏表等，其作用是测定电路的各种物理量，以供分析研究。

电路连接设备有电流插头、插座、探头、开关、测试棒、导线等，是为方便电路连接与测量而使用的。

通过多次的实验使用，学生必须熟悉（或了解）各种实验设备的原理与使用方法，包括型号、额定值、量程、接线、操作、读数等。

1.1.3 实验预习

实验是分课题进行的。每个课题的实验包括实验预习、实验进行与实验总结三个阶段。只有三个阶段都完成得好，才能称得上整个实验过程的成功。

实验预习包括理论知识准备与具体实验内容预习。

1．理论知识准备

电工技术实验主要是验证性的实验，一般是先通过课堂教学，使学生明了基础理论知识，而后才进行实验，因此进行每个实验课题前，要求学生先要了解其实验内容，复习相关的理论知识，否则进行实验是盲目，也就没有什么意义了。

2．实验内容预习

学生必须通读实验教材有关课题的内容，对所要进行实验的实验课题、目的、设备、内容、电路、数据表、曲线、预计结论等都要明了。有的实验课题的某些内容含有设计性质的，学生应按提示或要求把该准备的内容具体准备好。通过预习，学生必须对本课题实验做到以下几点。

（1）目的明确，内容条目清楚。

（2）知道电路如何连接，能画出电路图。

（3）知道使用哪些设备及设备的规格、量程。

（4）知道读取哪些数据，准备好数据表格。

（5）能预计实验的结果（数据估计、曲线形状、……等），准备好可能用到的公式。

以上预习以实验报告的形式写出，交教师审阅。一定要防止没有预习的实验，因为没有预习的实验是无论如何做不好的；既达不到实验的目的，又拖延甚至浪费时间，还可能发生实验事故。

1.1.4 实验进行

学生从进入实验室到退出实验室是实验进行阶段，是学生实施实验的具体过程，是实验的中心环节。实验实施过程必须严肃、认真、细心、文明。该过程一般有以下六个步骤：

1．实验设备的选用

设备选择：按实验课题要求，根据实验电路及测量的量，选择需用的、合适的设备。所选用的设备必须在型号、规格、量程、额定值等方面符合要求。

设备排放：依照实验电路，把设备排列、放置整齐，做到整齐合理。排放设备应尽量利用桌面面积，安排得宽松一些，以便检查与操作。仪表要放在便于读数的位置，需操作的设备要放在便于操作的位置。如果不注意设备的排放，桌面会显得凌乱，不利于实验的操作和仪表的读数。这一步骤是培养学生严谨的科学研究作风所必须的。

2．实验电路的连接

依照电路图，按从电源到被测试设备的顺序接线，但接至电源的导线应最后连接，而且电源开关必须处于断开状态。设备与仪表的极性和量程必须连接正确。

较为复杂的电路接线，一般应是先接串联回路，后接并联回路；先接主电路，后接分支电路；双回路仪表（如功率表），先接电流回路，后接电压支路。

连接线路时必须正确、牢固，接线端钮要拧紧，并注意整齐美观。不要将导线过多地集中在某个接线端钮上，应尽量将导线分散到同电位的几个端钮上，如图 1-1 所示。

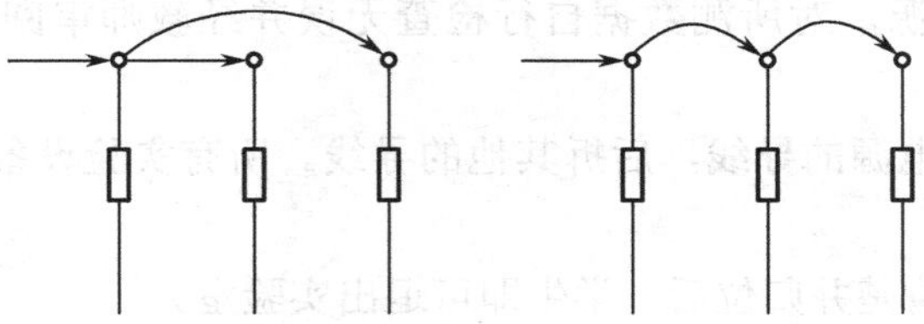

（a）接线不够合理　（b）接线较合理

图 1-1　端钮接线

接完线路必须认真进行检查，看看有无错接、漏接，尤其是否有造成电源短路的错误接线。查线先由学生自查；后由教师检查（教师交待免查的除外）无误后，方可通电实验。

3．通电

接通电源前，必须检查电源设备输出档位与旋钮位置是否正确，操作设备的操作位置是否正确。有的电源输出要先置于零位的，就要置于零位。有的限流电阻要先置于最大位置的，就要置于最大位置。有的仪表量程选择无把握时，应先置于较大量程档。还要看看是否有裸露导体，防止触电。

接通电源时，要密切注视各仪表显示情况。发现指针反偏转、不偏转、超偏转、抖动等现象，应切断电源进行检查。同样，接通电源时发现设备冒烟、发火花、发响声、有臭味等异常现象，也应断电检查。

4．实验预操作

通电后，正式测取数据之前，应先进行一次预操作。所谓预操作，就是按实验要求，把实验过程操作一遍，观察各仪表数据或波形的变化情况，是否在预计范围内；同时对关键测试点数据（如谐振点、极值点、拐点等）也预先寻找一下是否存在；还可以看看操作是否便当。预操作有问题，应及时断电检查与纠正。通过预操作可为正式测取数据作好较充分的准备，又可防止实验事故，保证实验的成功。

5. 测取实验数据

在预操作成功的基础上，正式按实验步骤要求，进行实验操作，测取实验数据。

测取的数据应记录于事先准备好的表格内，表格内的数据不得随便涂改。个别数据确需修改时，应将原数据划去（不是涂掉），而将新的正确数据记在旁边，以便比较和分析。（正式写报告时，只需用新数据）。

测取实验数据，应不断对数据进行理解与分析，鉴别其是否正确与合理；一旦发现有误（误测、误读、误记等），应重新测量更正。

对关键测试点的数据要找准测取，并在靠近该点的位置多测二、三个数据，以便分析与画曲线。

6. 拆线与整理现场

实验结束，断开电源，对所测数据自行检查无误并经教师审阅后（教师交待免审的除外），方可拆线。

拆线时应先拆接至电源的导线，后拆其他的导线。所有实验设备的操作位置应恢复到零位或规定位置。

把设备、导线整理清楚并归位后，学生即可退出实验室。

1.1.5　实验报告与实验总结

实验报告是学生进行实验总结的一种形式，既是实验课题全过程的必要组成部分，也是学生进一步巩固实验收获，培养分析能力与总结能力的一种手段。

实验报告应书写在实验报告纸上，实验报告的格式与内容如下。

实验××　　×××××××（序号、题目）

一、实验目的（可参照实验教材的内容书写）

二、仪器设备（包括名称、型号、规格、数量、编号等，以表格形式列出）

三、实验内容或实验步骤（提要形式，含实验电路，作图要工整）

四、数据表格及实验曲线（包括测量数据与计算数据，注意有效数字；曲线用坐标纸画好，剪贴在报告纸上）

五、实验数据分析及结论（包括数据的计算；针对实验目的与主要内容，用实验数据进行验证分析，误差分析及得出结论；回答问题）

六、心得体会

实验报告应书写整齐，文字简洁，图表清楚，结论明确。实验报告是展现学生实验能力的一个重要方面。

1.1.6　实验安全

实验安全是完成实验的基本条件。学生进入实验室，是今后从事电气电子技术工作的开始，必须从一开始就注意养成确保安全的良好职业习惯。

首先是人身安全。人体触电时，就有电流通过人体。一般说，通过人体的电流超过 10mA 时，就有强烈麻电感觉；超过 30mA，就有危险；超过 50mA 即可能致命。实验室使用的交流电源为 50Hz、220V 与 380V，对人体显然是危险的，所以在使用交流电源时，要禁止用人体直接接触带电的裸露导体。接通开关通电前，要确定无人接触带电裸导体。学生一定要穿具有绝缘性能的鞋子进入实验室。对于 30V 以下的直流电源，一般说虽无致命危险，但也不能随便接触带电裸导体，要养成良好的、文明的职业习惯。

其次是设备安全。要爱护国家财产，设备轻提轻放。要掌握设备的使用方法，正确选择量程，正确接线，正确操作。若电路改变或测试点改变，要看看仪表量程或档位是否相应改变。要禁止用电流表或万用表电流档、欧姆档测量电压。仪表指针的反偏转、超偏转，有时虽不致损坏，但往往会使仪表的准确度下降，也是要防止的。在实验过程中发生冒烟、火花、臭味、怪声等异常现象，应立即断电检查。

实验安全是实验技术的内容之一。具体的安全技术与注意事项内容很多，学生要逐步掌握。每个课题的实验进行时，教师应随时给予具体的、有针对性的安全指导。学生则应自始至终把安全看作是保证实验顺利进行的先决条件，时时处处注意安全，不断学习与掌握安全知识与防护技术，确保整个实验课程的安全，并把安全观念带到后续各专业课的实验中去，以至今后的工作中去。

1.2　测量的基本知识

1.2.1　测量的概念

测量是以确定被测对象量值为目的的全部操作。通过测量，人们可以定量地认识所研究的对象，因此正确地测量是很重要的。

通常测量结果的量值由两部分组成：数值（大小及符号）和相应的单位名称，如测得电路电流为 2.53A，表明被测量的数值为 2.53，A（安）为计量单位。

1.2.2　测量方法

测量方法直接关系到测量工作能否正常进行和测量结果的有效性。测量方法可从不同的角度出发进行分类。下面着重介绍两种分类方法。

1．按测量结果的获得来分类

（1）直接测量法　从测量仪器仪表上直接获得测量结果的测量方法称为直接测量法。直接测量的特点是简便，测量目的与测量对象是一致的。例如，用电压表测量电压、用电桥测量电阻值等。

（2）间接测量法　通过直接测量法测量几个与被测量有函数关系的物理量，再由函数关系求得被测量量值的测量方法称为间接测量法。例如，用伏安法测量电阻。

当被测量不能直接测量，或测量很复杂，或采用间接测量比采用直接测量能获得更准确

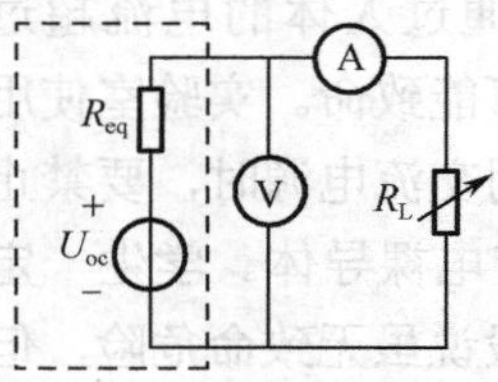

图 1-2　有源一端口网络求等效参数

的结果时，采用间接测量法。间接测量时，测量目的和测量对象是不一致的。

（3）组合测量法。通过直接（或间接）测量法测量几个与被测量有函数关系的物理量，通过联立求解函数关系来确定被测量的最终量值，称为组合测量法。

例如，图 1-2 所示电路，测定线性有源一端口网络的等效参数 R_{eq}、U_{oc}。通过调节 R_L，分别测取端口电压和电流，再联立求解端口方程组即可得 R_{eq}、U_{oc} 的数值。

2．按测量值的获得来分类

（1）直读测量法（直读法）。直接根据仪表（仪器）的读数来确定测量值的方法称为直读法。例如，用温度计测量温度、电流表测量电流、功率表测量功率等。直读测量法具有简单易行，迅速方便等特点，已被广泛应用。

（2）比较测量法。测量过程中将被测量与标准量直接进行比较而获得测量结果的方法称为比较测量法。例如，用电桥测电阻，通过与作为标准量的标准电阻比较来得到测量值。比较测量法适用于精密测量，测量准确，灵敏度高。

实际测量中采用哪种方法，应根据对被测量测量的准确度要求以及实验条件是否具备等多种因素具体确定。例如，测量电阻，当对测量准确度要求不高时，可以用万用表直接测量或伏安法间接测量，它们都属于直读法。当要求测量准确度较高时，则用电桥法进行直接测量，它属于比较测量法。

1.3　测量误差

1.3.1　测量误差的定义

不论用什么测量方法，也不论怎样进行测量，测量的结果都不可能完全准确地等于被测量的真实值。即使是同一测试人员在相同条件下，用同一台仪器（或仪表）先后测量两次，其测量结果也存在差异。我们把这种差异，也就是测量结果与被测量真实值（真值）之差称为测量误差。工程上常用被测量的实际值代替真值。

研究测量误差的目的，是要正确认识误差产生的原因和性质，合理地制定测量方案，正确选择测量方法和测量设备，以减小测量误差。

1.3.2　测量误差的分类

根据测量误差的性质，可分为：系统误差、随机误差和粗大误差三类。

1．系统误差

系统误差是指在相同条件下，多次测量同一量值时，误差的绝对值和符号均保持不变，或者当条件改变时，按一定规律变化的误差。系统误差产生的原因主要有：

（1）测量仪器、仪表不准确，如刻度偏差、指针安装偏心、零点偏移等。

（2）测量方案不正确，如环境因素不满足选用的测量仪器、仪表要求的条件。

（3）测量人员的不良习惯，如估计读数时习惯偏向一边。

系统误差的特点是：测量条件确定下，误差就是一个确定的数值。用多次测量取平均值的方法，并不能改变误差的大小。

2．随机误差

随机误差又称为偶然误差。在相同条件下，多次测量同一量值时，误差的绝对值和符号均发生变化，其值时大时小，其符号时正时负，以不可预知方式变化的误差。随机误差产生的原因主要有：

（1）电源电压的波动，测量仪器中零部件的松动等。

（2）测量环境的影响，如空气扰动、电磁场干扰、温度扰动等。

（3）测量人员的读数不稳定。

随机误差就个体而言是不确定的，但其总体服从统计规律，一般服从正态分布规律。因此在实际测量中，利用正负抵偿性，可以通过多次测量后取算术平均值的方法来减小随机误差对测量结果的影响。

3．粗大误差

粗大误差又称为疏失误差。在一定的测量条件下，测量值明显地偏离预期数值的误差。粗大误差产生的原因主要是由于实验者的粗心，错误读取数据、记错数据、误操作，使用了有缺陷的计量器具或使用不正确，等等。含有粗大误差的测量值是不可靠的，确认后应当去掉。

1.3.3　测量误差的表示方法

通常测量误差可用绝对误差、相对误差、引用误差、容许误差四种形式表示。

1．绝对误差

绝对误差ΔA定义为测量值A_x与被测量实际值A_0之间的差值，即

$$\Delta A = A_x - A_0 \tag{1-1}$$

绝对误差是具有大小、正负的数值，其单位与被测量的单位相同。

2．相对误差

绝对误差的表示方法有其局限性，它不能确切地反映测量结果的准确程度。例如，测量电流，I_1=100mA 时，ΔI_1=2mA；I_2=10mA 时，ΔI_2=0.4mA。从绝对误差衡量，后者的绝对误差小，但不能由此得出后者测量准确度高的结论。为了便于比较测量的准确程度，提出了相对误差的概念。

相对误差γ定义为测量的绝对误差与被测量的实际值之比，一般用百分数表示，即

$$\gamma = \frac{\Delta A}{A_0} \times 100\% \tag{1-2}$$

如果用测量值 A_x 代替实际值 A_0，则有示值相对误差

$$\gamma=\frac{\Delta A}{A_x}\times 100\% \tag{1-3}$$

相对误差无量纲，能反映误差的大小和方向，能确切地反映了测量准确程度。因此，在实际测量过程中，一般都用相对误差来评价测量结果的准确程度。

例 1-1　测量电流，I_1=100mA 时，ΔI_1=2mA；I_2=10mA 时，ΔI_2=0.4mA。求示值相对误差。

解　I_1 的示值相对误差为　$\gamma_{I_1}=\frac{\Delta I_1}{I_1}\times 100\%=\frac{2}{100}\times 100\%=2\%$

I_2 的示值相对误差为　$\gamma_{I_2}=\frac{\Delta I_2}{I_2}\times 100\%=\frac{0.4}{10}\times 100\%=4\%$

显然，测量电流 I_1=100mA 时的准确度高些。

3．引用误差

引用误差 γ_n 定义为绝对误差与测量仪表量程 A_m 之比，用百分数表示，即

$$\gamma_n=\frac{\Delta A}{A_m}\times 100\% \tag{1-4}$$

实际测量中，由于指针式仪表（模拟指示仪表）各标度尺位置指示值的绝对误差的大小、符号不完全相等，若取指针式仪表标度尺工作部分所出现的最大绝对误差 ΔA_{max} 作为式（1-4）中的分子，则得到最大引用误差，用 $\gamma_{n\,max}$ 表示。

$$\gamma_{n\,max}=\frac{\Delta A_{max}}{A_m}\times 100\% \tag{1-5}$$

最大引用误差常用来表示电测量指针式仪表的准确度等级指标 α，其指标如表 1-1 所示。准确度等级指标 α 的数值越小，允许的基本误差（最大引用误差）也越小，表示仪表的准确度越高。电测量指针式仪表的基本误差在标度尺工作部分的所有分度线上不应超过表 1-1 中的规定。即

$$\gamma_{n\,max}\leqslant \alpha\% \tag{1-6}$$

表 1-1　电测量指针式仪表的准确度等级指标

准确度等级 α	0.05	0.1	0.2	0.3	0.5	1.0	1.5	2.0	2.5	5.0
基本误差%	±0.05	±0.1	±0.2	±0.3	±0.5	±1.0	±1.5	±2.0	±2.5	±5.0

式（1-5）和式（1-6）说明，在使用指针式仪表进行测量时，产生的最大绝对误差为

$$\Delta A_{max}\leqslant \pm\alpha\%\times A_m \tag{1-7}$$

当被测量的示值为 A_x 时，可能产生的最大示值相对误差为

$$\gamma_{max}\leqslant \pm\alpha\%\times\frac{A_m}{A_x}\times 100\% \tag{1-8}$$

由式（1-8）可见，当选择仪表后，准确度等级 α 选定，则被测量的示值 A_x 愈接近仪表的量程 A_m，测量的相对误差就愈小。因此，测量时应合理选择仪表的量程，使被测量的示值尽

可能处在仪表量程满刻度的 2/3 以上的区域。

例 1-2　用一个量程为 100V、准确度等级为 0.5 级的直流电压表测得某电路中电压为 85.0V，求测量结果的最大示值相对误差。

解　直流电压表产生的最大绝对误差为

$$\Delta U_{\max} = \pm\alpha\% \times U_{\rm m} = \pm 0.5\% \times 100{\rm V} = \pm 0.5{\rm V}$$

测量结果可能出现的最大示值相对误差为

$$\gamma_{\max} = \frac{\Delta U_{\max}}{U_x} \times 100\% = \pm\frac{0.5}{85.0} \times 100\% = \pm 0.588\%$$

4．容许误差

容许误差是指测量仪器在正常使用条件下可能产生的最大误差范围，它是衡量测量仪器质量的重要指标。容许误差通常用绝对误差表示，表达方式

$$\Delta A=\pm(\rho\%A_{\rm x}+\lambda\%A_{\rm m}) \tag{1-9}$$

式中，ΔA 为被测量的绝对误差，$A_{\rm x}$ 为被测量的指示值，$A_{\rm m}$ 为测量所用量限或量程值，ρ为误差的相对项系数，λ为误差的固定项系数 。

式（1-9）将绝对误差分为两部分，前一部分（$\pm\rho\%A_{\rm x}$）为可变部分，称为“读数误差”，后一部分（$\pm\lambda\%A_{\rm m}$）为固定部分，不随读数而变，为仪表所固有，称为“满度误差”。通常仪器的准确度等级指标α由ρ和λ来决定，即$\alpha=\rho+\lambda$。

1.3.4　间接测量中的误差估算

间接测量是由多次直接测量组成的，其测量结果的最大相对误差可按以下几种形式进行计算。

1．被测量为几个直接测量量的和（或差）

设直接测量的量为 A_1、A_2、……、A_x，对应的绝对误差为 ΔA_1、ΔA_2、……、ΔA_x，被测量 A 为

$$A = A_1 + A_2 + \cdots + A_x \tag{1-10}$$

则被测量 A 的示值相对误差为

$$\gamma_{\rm A} = \frac{\Delta A}{A} \times 100\% = \frac{\Delta A_1 + \Delta A_2 + \cdots + \Delta A_x}{A_1 + A_2 + \cdots + A_x} \times 100\% \tag{1-11}$$

被测量 A 的最大示值相对误差为

$$\gamma_{\rm A\,max} = \pm\frac{|\Delta A_1| + |\Delta A_2| + \cdots + |\Delta A_x|}{A_1 + A_2 + \cdots + A_x} \times 100\% \tag{1-12}$$

例 1-3　两个电阻串联，R_1=1000Ω，R_2=3000Ω，其相对误差均为 1%，求串联后总的相对误差。

解　串联后总的电阻　　$R=R_1+R_2$=1000+3000Ω= 4000Ω

各电阻的绝对误差　　ΔR_1=1000×1%=10Ω

ΔR_2=3000×1%=30Ω

则串联后总的相对误差 $\gamma_R = \dfrac{\Delta R_1 + \Delta R_2}{R} \times 100\% = \dfrac{10+30}{4000} \times 100\% = 1\%$

可知，相对误差相同的电阻串联后总电阻的相对误差与单个电阻的相对误差相同。

2．被测量为多个测量量的积（或商）

设直接测量的量为 A_1、A_2，绝对误差为 ΔA_1、ΔA_2，对应的示值相对误差为

$$\gamma_1 = \frac{\Delta A_1}{A_1} \times 100\% \qquad \gamma_2 = \frac{\Delta A_2}{A_2} \times 100\%$$

设被测量 A 为

$$A = A_1^m \times A_2^n \tag{1-13}$$

式中 m、n 分别是 A_1、A_2 的指数。

则被测量 A 的示值相对误差为

$$\gamma_A = m\gamma_1 + n\gamma_2 \tag{1-14}$$

则被测量 A 的最大示值相对误差为

$$\gamma_{A\max} = \pm(m|\gamma_1| + n|\gamma_2|) \tag{1-15}$$

由式（1-15）可见，当各直接测量量的相对误差大致相等时，指数较大的量对测量结果误差的影响较大。

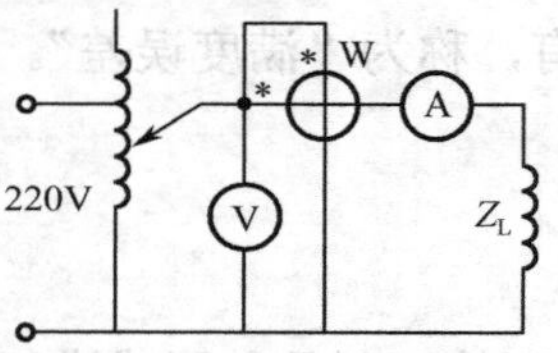

图 1-3　三表法测功率因数

例 1-4　图 1-3 所示为正弦交流电路中用三表法（电流表、电压表、功率表）测量元件（或网络）的功率因数λ值。若电流表的量程为 2A，示值为 1.00A；电压表量程为 150V，示值为 102.0V；功率表量程为 60W，示值为 42.7W，其准确度等级均为 0.5 级，试计算功率因数λ和仪表基本误差引起的最大相对误差。

解　用间接测量法计算正弦电路中功率因数，有

$$\lambda = \cos\varphi = \frac{P}{UI} = \frac{42.7}{102.0 \times 1.00} = 0.418$$

由测量仪表示值可计算功率、电压、电流的最大示值相对误差为

$$\gamma_P = \pm\frac{\alpha\% \times P_m}{P} = \pm\frac{0.5\% \times 60}{42.7} = \pm 0.70\%$$

$$\gamma_U = \pm\frac{\alpha\% \times U_m}{U} = \pm\frac{0.5\% \times 150}{102.0} = \pm 0.74\%$$

$$\gamma_I = \pm\frac{\alpha\% \times I_m}{I} = \pm\frac{0.5\% \times 2}{1.00} = \pm 1\%$$

根据式（1-13），功率因数λ的最大示值相对误差为

$$\gamma_{\cos\varphi} = \pm(|\gamma_P| + |\gamma_U| + |\gamma_I|) = \pm(0.70\% + 0.74\% + 1\%) = \pm 2.44\%$$

1.3.5　消除系统误差的基本方法

在测量过程中，难以避免地存在系统误差，应对测量结果进行深入的分析和研究，以便找出产生系统误差的根源，并设法将它们消除，这样才能获得准确的测量结果。与随机误差不同，系统误差是不能用概率论和数理统计的数学方法加以削弱和消除的。目前，对系统误差的消除尚无通用的方法可循，这就需要对具体问题采取不同的处理措施和方法。一般说，

对系统误差的消除在很大程度上取决于测量人员的经验、学识和技巧。下面仅介绍人们在测量实践中总结出来的消除系统误差的一般原则和基本方法。

1．从误差来源上消除系统误差

从误差来源上消除系统误差是消除系统误差的根本方法，它要求测量人员对测量过程上可能产生系统误差的各种因素进行仔细分析，并在测量之前从根源上加以消除。例如，仪器仪表的调整误差，在实验前应正确仔细地调整好测量用的一切仪器仪表，为了防止外磁场对仪器仪表的干扰，应对所有实验设备进行合理的布局和接线，等等。

2．用修正的方法消除系统误差

在实际测量中，除了绝对误差外，还经常用到修正值 C 的概念，它定义为与绝对误差等值反号，即

$$C=-\Delta A=A_0-A_x \tag{1-16}$$

测量仪器的修正值一般是通过计量部门检定给出的，知道了测量值 A_x 和修正值 C，由式（1-16）就可求出被测量的实际值 A_0。在智能化仪器仪表中，能对测量结果自动进行修正。

这种方法是预先将测量设备、测量方法、测量环境（如温度、湿度、外界磁场……）和测量人员等因素所产生的系统误差，通过检定、理论计算及实验方法确定下来，并作出修正表格、修正曲线或修正公式。在测量时，就可根据这些表格、曲线或公式，对测量所得到的数据引入修正值，将系统误差减小到可以忽略的程度。

实际上，在我们的实验过程中，通常要用仪表（电流表、电压表、功率表等）进行测量，这样便引入了仪表误差，该误差是不可避免的，但可以修正为系统误差。

例 1-5　测量电阻 R_L 的实验电路如图 1-4 所示。

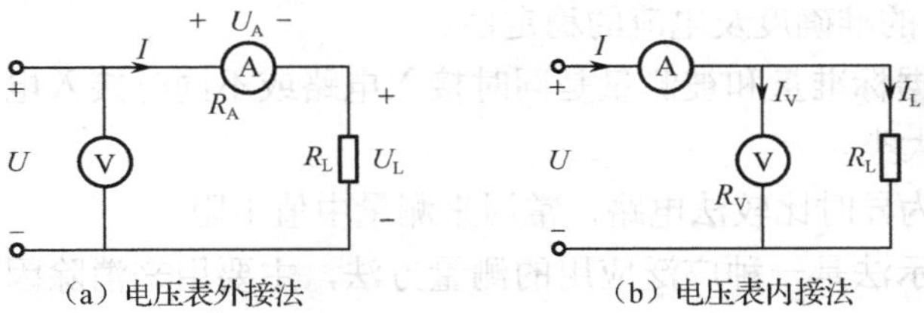

图 1-4　电阻测量电路

解　(1) 外加电源电压 U，在图 1-4（a）中，考虑电流表的内阻 R_A 及电压降 U_A 时，电压表两端的电压为

$$U=U_A+U_L$$

端口电阻

$$R=\frac{U}{I}=\frac{U_A+U_L}{I}=R_A+R_L$$

可知，绝对误差

$$\Delta R=R_A$$

因此，修正值

$$C=-\Delta R=-R_A$$

可见，电压表外接法适用于负载电阻较大的情况，当 $R_L \gg R_A$ 时，R_A 的分压作用小，便可忽略不计。

（2）外加电源 U，在图 1-4（b）中，考虑电压表的内阻 R_V 及电流 I_V 时，电流表流过的电流为

$$I = I_V + I_L = U\left(\frac{1}{R_V} + \frac{1}{R_L}\right)$$

端口电阻
$$R = \frac{U}{I} = \frac{1}{\left(\frac{1}{R_V} + \frac{1}{R_L}\right)}$$

此时的 ΔR 是由电压表的内阻 R_V 引起的。

可见，电压表内接法适用于负载电阻较小的情况，当 $R_L \ll R_V$ 时，R_V 的分流作用小，便可忽略不计。

3．应用测量技术消除系统误差

在实际测量中，还可以采用一些有效的测量方法，来消除和削弱系统误差对测量结果的影响。

（1）替代法。替代法的实质是一种比较法，它是在测量条件不变的情况下，用一个数值已知的且可调的标准量来代替被测量。在比较过程中，若仪表的状态和示值都保持不变，则仪表本身的误差和其他原因所引起的系统误差对测量结果基本上没有影响，从而消除了测量结果中仪表所引起的系统误差。

如图 1-5 所示，用替代法测量电阻 R_L。在测量时先把被测电阻 R_L 接入测量线路（开关 S 接到位置“1”），调节限流电阻 R_0，使电流表 A 的读数为某一适当数值，然后将开关 S 转接到位置“2”，这时标准电阻 R_N 代替 R_L 被接入测量电路，调节 R_N 使电流表数值保持与原来读数一致。如果 R_0 的数值及所有其他外界条件都不变，则 $R_N=R_L$。显然，其测量结果的准确度决定于标准电阻 R_N 的准确度及电流的稳定性。

在比较法中，根据标准量和被测量是同时接入电路或不同时接入电路，又可分为同时比较法和异时比较法两大类。

图 1-5 所示电路为异时比较法电路，常用来测量中值电阻。

（2）零示法。零示法是一种广泛应用的测量方法，主要用来消除因仪表内阻影响而造成的系统误差。

在测量中，使被测量对仪表的作用与已知的标准量对仪表的作用相互平衡，以使仪表的指示为零，这时的被测量就等于已知的标准量。

图 1-6 为用零示法测量实际电压源开路电压 U_{oc} 的实用电路。图中 U_S 为直流电源，R_N 为标准电阻，G 为检流计。

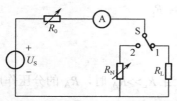

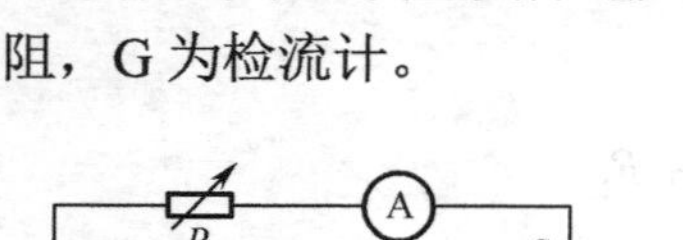

图 1-5　替代法测电阻

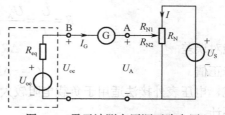

图 1-6　零示法测电压源开路电压

测量时：调节标准电阻 R_N 的分压比，使检流计 G 的读数为 0，则有

$$I_G=0 \qquad U_A=U_B=U_{oc}$$

即

$$U_{oc}=U_A=U_S\times\frac{R_{N2}}{R_{N1}+R_{N2}}$$

在测量过程中，只需要判断检流计中有无电流，而不需要读数，因此只要求它具有足够的灵敏度。同时，只要直流电源 U_S 及标准电阻 R_N 稳定且准确，其测量结果就会准确。

（3）正负误差补偿法。在测量过程中，当发现系统误差为恒定误差时，可以对被测量在不同的测量条件下进行两次测量，使其中一次所包含的误差为正，而另一次所包含的误差为负，取这两次测量数据的平均值作为测量结果，从而就可以消除这种恒定系统误差。

例如用安培表测量电流时，考虑到外磁场对仪表读数的影响，可以将安培表转动 180°再测量一次，取这两次测量数据的平均值作为测量结果。如果外磁场是恒定不变，其影响在两次测量时相互抵消，从而消除了外磁场对测量结果的影响。

另外还有其他的消除系统误差的方法，这里不一一介绍了。

1.4　数字式仪表

数字式仪表的工作原理是将被测量（模拟量）转换成数字量之后，用计数器和显示器显示出测量结果。这个转换过程称为模/数（A/D）转换。实现 A/D 转换的电路有逐次逼近式、斜坡式、积分式等多种类型。根据其工作原理，数字式仪表可分为多种类型。如常用的有逐次比较型、斜坡型、电压-频率转换型、双斜积分型和脉冲调宽型等五种。

数字式仪表面板上的显示窗口，可以直接显示出被测量的正负读数和单位。面板上的量程选择开关可用以选择测量类型及测量量程，有的数字仪表具有自动转换量程功能。下面仅从使用的角度对数字式仪表作一简单介绍。

数字式仪表的主要技术特性包括：显示位数、测量范围、误差、分辨力、输入阻抗、采样方式、采样时间和工作频率范围等。

数字式仪表的输入阻抗是指两测量端钮间的入端电阻，一般不小于 10MΩ，对于多量程仪表，各量程上的输入电阻因衰减器的分压比不同而异。采样方式随数字仪表型号的不同而不同，一般有自动、手动和遥测等采样方式。采样时间是指每次采样所需的时间。另外，在数字仪表的技术说明书中还常给出使用温度、湿度、工作频率范围及抗干扰能力等指标，使用时应注意查阅说明书。

1．数字式仪表的显示位数

数字式仪表数码管的个数一般为 4～5 个，有的高精度的数字仪表可做到 6 个。但不能显示出满位“9”，而是以最高位显示数为“1”或“4”较多。

判定数字仪表的位数有两条原则：

（1）能显示 0～9 所有数字的位为整数位；

（2）分数位的数值是以最大显示中最高位数字为分子，用满量程时最高位数字作分母。

例如：某数字仪表的最大显示值为±1999，满量程计数值为 2000，这表明该仪表有 3 个整数位，而分数位的分子为 1，分母为 2，故称之为$3\frac{1}{2}$位，读作三位半，其最高位只能显示 0 或 1。

$3\frac{2}{3}$位（读作三又三分之二位）仪表的最高位只能显示从 0～2 的数字，故最大显示值为±2999。

2．数字式仪表的误差计算

由测量仪器在正常使用条件下可能产生的最大误差范围，即容许误差，通常用绝对误差表示，由式（1-9），数字式仪表的绝对误差公式可用下面表达式

$$\Delta A=\pm（\rho\%A_x+n\ 个字） \tag{1-17}$$

式中，n 为最后一个单位值的 n 倍。

式（1-17）将绝对误差分为两部分，前一部分（$\pm\rho\%A_x$）为可变部分，称为“读数误差”，后一部分（“n 个字”）为固定部分，不随读数而变，为仪表所固有，称为“满度误差”。“n 个字”所表示的误差值为数字式仪表在选定量限下分辨力的 n 倍，即未位 1 个字所对应的量值的 n 倍。显然，固定部分与被测量 A_x 的大小无关。

由式（1-17），被测量 A_x 的相对误差为

$$\gamma_A=\frac{\Delta A}{A_x}\times100\%=\pm\left(\rho\%+\frac{n个字}{A_x}\right)\times100\% \tag{1-18}$$

类似指针式仪表（模拟指示仪表），被测量与所选择的量程越接近，误差越小。因此，为了减小测量误差，应注意选择量程。

例 1-6　已知某一数字电压表的相对项系数ρ=0.005，用 2V 挡量程测得 1.950V 的电压，其绝对误差ΔU和相对误差γ_u各为多少？

解　电压最小变化量为 0.001V，三位半电压表，故 n =3，则

绝对误差　$\Delta U=\pm（0.005\%\times1.950+0.001\times3）=\pm0.0030975\text{V}\approx\pm0.003$

相对误差　$\gamma_u=\frac{\Delta U}{U}\times100\%=\pm\frac{0.003}{1.950}\times100\%=\pm0.154\%$

此例说明数字式仪表的准确度很高，“n 个字”占绝对误差的主要部分。

3．数字式仪表的分辨力

分辨力是指数字式仪表在最低量程上未位 1 个字所对应的量值，它反映出仪表灵敏度的高低，其分辨力指标可用分辨率来表示。分辨率是指所能显示的最小数字（零除外）与最大数字之比，通常用百分数表示。

例如：$3\frac{1}{2}$位数字万用表的分辨率为$\frac{1}{1999}\approx0.05\%$。

分辨力与准确度之间的关系：分辨力与准确度是两个不同的概念。前者表征仪表的“灵敏性”，即对微小电压的“识别”能力；后者反映测量的“准确性”，即测量结果与真值的一致程度。二者无必然的联系，因此不能混为一谈，更不能将分辨力（或分辨率）误以为是类

似于准确度的一种指标。

实际上分辨力仅与仪表的显示位数有关。而准确度则取决于 A/D 转换器、功能转换器的综合误差以及量化误差。从测量角度看，分辨力是“虚”指标，它与测量误差无关；准确度才是“实”指标，它决定测量误差的大小。因此，任意增加显示位数来提高仪表分辨力的方案是不可取的，原因就在于这样达到的高分辨力指标将失去意义。换言之，从设计数字式仪表的角度看，分辨力应受到准确度的制约，有多高的准确度，才有与之相应的分辨力。数字式仪表的准确度一般是很高的。

1.5　实验数据处理

实验中记录的测量数据应满足测量精度的要求，实验中和实验后对实验数据的处理十分重要，它关系到能否得到正确的实验结果。

1.5.1　有效数字

1．有效数字的定义

一个数据，从左边第一个非零数字起至右边的所有数位均为有效数字位。有效数字就是一个由可靠数字和最末一位欠准数字两部分组成的数字。

测量所得到的数据都是近似数。近似数由两部分组成：一部分是可靠数字，另一部分是欠准数字。通常测量时，只应保留一位欠准数字（对于指针式仪表，一般估读到最小刻度的十分位；而对于数字式仪表，则与所选的量程有关），其余数字均为可靠数字。例如，某仪表的读数为 106.5 格，其中 106 是可靠数字，而末位数 5 是估读的欠准数字。106.5 的有效数字位数是四位。

2．有效数字的正确表示

（1）有效数字的位数与小数点无关，小数点的位置仅与所用单位有关。例如，5100Ω和 5.100KΩ都是四位有效数字。

（2）在数字之间或在数字之后的“0”是有效数字，而在数字之前的则不是有效数字。

（3）若近似数的右边带有若干个“0”，通常把这个近似数表示成 $k\times10^n$ 形式。利用这种写法，可从 k 含有几个有效数字来确定近似数的有效位数，如 5.2×10^3 和 7.10×10^3 分别为二位和三位有效数字，4.800×10^3 为四位有效数字。注意，这里 7.10 和 4.800 的“0”不能省略。

在计算式中，对常数 π、e、$\sqrt{2}$ 等的有效数字，可认为无限制，在计算中根据需要取位。

3．数值的修约规则

当确定了一个数值的有效数字的位数后，其尾部多余的数字应按一定的规则进行修约。

若以保留有效数字位数的末位为准，它后面的数字大于“5”时，末位加 1；小于“5”时，末位不变；等于“5”时，则使末位数凑成偶数，即末位为奇数时加 1，末位为偶数时则末位数不变。

还要注意，拟舍弃的数字若为两位以上的数字，不能连续地多次修约，而只能按上述规则一次修约出结果来。

例 1-7 将 32.6491、472.601、4.21500、4.22500 各个数据修约成三位有效数字。

解

拟修约值	修约值
32.6491	32.6（5 以下舍）
472.601	473（5 以上入）
4.21500	4.22（5 前奇数进 1）
4.22500	4.22（5 前偶数舍去）

4．有效数字的运算规则

（1）加减运算。各运算数据以其中小数点后位数最小的数据位数为准，其余各数据修约后均保留比它多一位数。计算所得的最后结果与小数点后位最少的位数相同。

例 1-8 计算 13.6+0.0812+1.432

解 根据规则，应取 13.6 为有效数字位数的基准，另 2 个数据修约到小数点后 2 位

$$0.0812 \to 0.08 \qquad 1.432 \to 1.43$$

则修约处理运算

$$13.6+0.08+1.43=15.11$$

将计算结果修约到小数点后 1 位，则最后的计算结果为 15.1。

（2）乘除运算。各运算数据以各数据中有效位数最少的为准，其余各数据或乘积（或商）均修约到比它多一位，而与小数点位置无关。最后结果应与有效位数最少的数据位数相同。

例 1-9 计算 0.0212×46.52×2.07581

解 根据规则，修约处理后的运算及计算结果

$$0.0212 \times 46.52 \times 2.076=2.05$$

计算结果取 3 位有效数字，与 0.0212 的有效数字相同。

（3）乘方或开方运算。乘方或开方运算时，所得结果的有效数字的位数可比原数多一位。

例 1-10 $68^2=4624=462\times 10$

例 1-11 $\sqrt{356}=18.87$

1.5.2 指针式仪表（模拟指示仪表）的数据记录

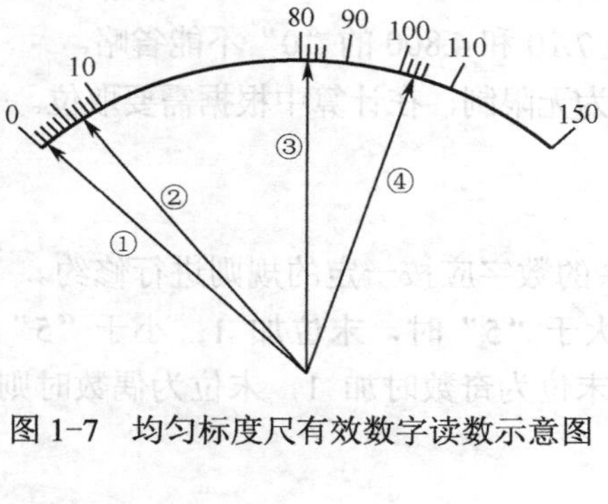

图 1-7 均匀标度尺有效数字读数示意图

要正确记录测量数据，必须首先了解直接读数（简称读数）、示值和测量结果的概念。

1．指针式仪表的读数

直接读取指针式仪表的指针所指出的标尺值并用格数表示。图 1-7 为均匀标度尺有效数字读数示意图，图中指针指示的不同位置的读数分别为 0.8 格、6.6 格、81.8 格、102.0 格。读数时注意有效数字的位

数（只含一位欠准数字），具体的读数原则与规律已总结在表 1-2 中。

从前面的分析中已知，被测量的示值愈接近仪表的量程，测量的相对误差就愈小。因此，测量时应合理选择仪表的量程，使被测量的示值尽可能处在仪表量程满刻度的 2/3 以上的区域。

表 1-2　指针式仪表（模拟指示仪表）的有效数字

①	0～1 格	0.1～0.9	1 位有效数字
②	1～10 格	1.0～9.9	2 位有效数字
③	10～100 格	10.0～99.9	3 位有效数字
④	100～150 格	100.0～150.0 格	4 位有效数字

2．计算仪表的分格常数

仪表的分格常数是指电测量指示仪表的标度尺每分格所代表的被测量的大小。用符号“C_A”表示，即

$$C_A = \frac{A_m}{k_m} \quad [\text{V（A、W）/div}] \tag{1-19}$$

式中，C_A——分格常数[V（A、W）/div]　　A_m——仪表量程[V（A、W）]

k_m——仪表满偏格数（div）

3．被测量的示值

被测量的示值为仪表的分格常数乘以读数后所得的数值。即

示值=仪表分格常数 C_A×读数（格）

注意：示值有效数字的位数和读数的有效数字的位数相同。

1.5.3　数字式仪表的数据记录

数字式仪表上读出的已是被测量的示值。

测量时合理选择数字式仪表的量程，使被测量的示值愈接近仪表的量程，测量的相对误差就愈小。另外，量程选择不当将会丢失有效数字，所以我们应该谨慎选择量程。如用 $3\frac{1}{2}$ 位数字电压表不同档位测 1.999V 电压中，有如表 1-3 关系，被测量示值的有效数字位数不同。

表 1-3　三位半数字电压表的有效数字位数

量程	2V	20V	200V
显示值	1.999	01.99	001.9
有效数字位数	4	3	2

1.5.4　测量结果的填写

测量结果是指由测量所得到的被测量量值。在测量结果完整的表述中，应包括测量误差

和有关影响量的值。

电路实验中，对于测量结果的最后表示，通常用被测量的示值和相应的误差共同来表示。这里的误差为仪表相应量程时的最大绝对误差。

工程测量中，误差的有效数字一般只取一位，并采用进位法（即只要该舍弃的数字是1～9都应进一位）。

例 1-12　某电压表的准确度等级指标α=0.5，其仪表标度尺的满偏格数为150格，选3V量程，若读得格数分别为18.9格和132.0格，则各测量值是多少伏？

解　（1）基本读数（格数）　　18.9格、132.0格

（2）计算分格常数　　$C_A = \dfrac{3V}{150div} = 0.02V/div$

（3）被测量的示值　　$U_1=18.9\times C_A=0.378V$　　$U_2=132.0\times C_A=2.640V$

（示值有效数字的位数和读数的有效数字的位数相同）

（4）仪表的最大绝对误差

$$\Delta U_m = \pm\alpha\% \times U_m = \pm0.5\% \times 3 = \pm0.015V$$

工程测量中误差的有效数字一般只取一位，则

$$\Delta U_m=\pm0.02V$$

（5）测量结果，经修约后得

$U_{1测}$=（0.38±0.02）V　　$U_{2测}$=（2.64±0.02）V

在测量结果完整的表述中，被测量示值的有效数字取决于测量结果的误差，即被测量示值的有效数字的末位数与测量误差末位数为同一个数位。

1.5.5　测量结果的表示

1．实验数据列表表示法

列表是将一组实验数据中的自变量、因变量的各个数值依一定的形式和顺序一一对应列出来。列表法的优点是简单易作、形式紧凑、数据便于比较，同一表格内可以同时表示几个变量的关系。列表时，应注意以下几点：

（1）表的名称、数据来源应作说明，使人一看便知其内容。

（2）表格中项目应有名称单位，表内主项习惯上代表自变量，副项代表因变量。自变量的选择以实验中能够直接测量的物理量为主，如电压、电流等。

（3）数值的书写应整齐统一，并用有效数字的形式表示，同一竖行上的数值小数点上下对齐。

（4）自变量间距的选择应注意测量中因变量的变化趋势，且自变量取值应便于计算、观察和分析，并按增大或减小的顺序排列。

2．图形表示法

图形表示法可以更加形象和直观地看出函数变化规律，能够简明、清晰地反映几个物理量之间的关系。

图形表示法分两个步骤进行：第一步是把测量数据点标在适当的坐标系中，第二步是根据点画出曲线。作图时应注意以下几个问题：

（1）合理地选取坐标。

根据自变量的变化范围及其所表示的函数关系，可以选用直角坐标、单对数、双对数坐标等。最常用的是直角坐标。

横坐标代表自变量，纵坐标代表因变量，坐标末端标明所代表的物理量及单位。

（2）坐标分度原则。

① 在直角坐标中，线性分度应用最为普遍。分度的原则是，使图上坐标分度对应的示值的有效数字位数能反映实验数据的有效数字位数。

② 纵坐标与横坐标的分度不一定取得一样，应根据具体情况来选择。纵坐标与横坐标的比例也很重要，二者分度可以不相同，根据具体情况适当选择。如图 1-8（a）的比例较好，而图 1-8（b）选择不当，变化规律不明显。

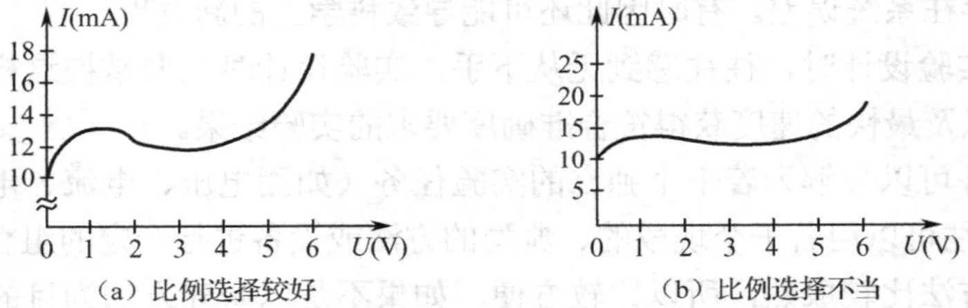

图 1-8 坐标比例的选择

③ 坐标分度值不一定从零开始。在一组数据中，坐标可用低于最低值的某一整数作起点，高于最高值的某一整数作终点，以使图形能占满全幅坐标纸为适当。

（3）根据数据描点。

数据可用空心图、实心图、三角形等符号作标记，其中心应与测得值相重合，符号大小在 1mm 左右。同一曲线上各数据点用同一符号，不同的曲线则用不同的符号。

根据各点作曲线时，应注意到曲线一般光滑匀整，只具少数转折点；曲线所经过的地方应尽量与所有的点相接近，但不一定通过图上所有的点。

1.6 实验设计

实验是为了观察某种现象、规律或验证某种观点或结论而设计的一个操作过程。为此首先要设计出实验原理和线路，从该线路获得必要的、可靠的实验数据以满足观察、验证的要求。

实验设计和其他工程设计类似，可以根据该设计进行实验的组织、准备、实施以及结果的整理等工作，它是一个详细的计划。在电路领域内的实验，除那些需要进行长期观察的实验（如绝缘的老化实验）外，大多数实验其制订计划的时间和实验进行所花的时间相比是相当的甚至更长些。一般地讲，实验设计主要包括下面几个步骤：

（1）了解实验目的、原理，分析实验任务，制订实验计划。

（2）根据给定的条件（包括参数条件、准确度要求等）确定实验线路、需使用的仪器设备及其技术或规格型号和对实验环境的要求。并且在此基础上提出可行性报告。

（3）设计实验观察的内容、数据表格、步骤，进行理论计算得出计算数据。

（4）对所设计的电路，用 Multisim 模拟仿真软件进行模拟仿真，进一步验证设计线路的可行性，并且得到初步的仿真实验结果。

（5）对所设计的电路进行实物实验，测取实验数据。

（6）完成实验结果的数据处理，根据实验的具体要求进行误差分析，对实验结果进行评定，提出最后的结论，完成实验报告。

下面具体介绍实验设计过程中的一些设计思路。

1.6.1 实验方案的制定

为某一目的而制定的实验方案并不是唯一的，它受许多因素影响，即使在相同的条件下，也可能有多种可行的方案。有时一个实验可能要采用多个方案进行，以检验各实验方案的实验结果是否存在系统误差。有时因此还可能导致科学上的新发现。

初学者进行实验设计时，往往感到无从下手。实验设计时主要掌握这样一个原则：用最少的人力、物力以及最快的速度获得符合准确度要求的实验结果。

许多实验任务可以分解为若干个独立的实验任务（如测电压、电流、电阻、频率、波形等）。此类实验往往可以用若干个现成的、典型的方法或设备进行一定的组合。这类实验由于各个独立的实验方法比较成熟，所以比较方便。如果不是以研究方法为目的的实验，以上的做法是最可取的。但应该注意到，原来独立的实验方法经组合后，相互之间会有一定的影响，因而造成实验误差，要根据具体情况加以修正。

1．根据实验结果的准确度制定方案

通常实验的准确度要求在实验任务下达时就已给定。有的实验是某一总任务派生的子任务，在总任务中并没有指出该实验的准确度要求，这时应该首先确定其准确度要求，实验结果的准确度要求的高低影响到实验的周期和费用，因此要慎重考虑。另外在设计初期，考虑准确度时，应该给以后设计深入时可能出现的新的误差留有余地。

（1）从现有的测量方法的准确度范围来考虑。

一般某种原理（方法、仪表）测量结果的准确度的大致范围是可以知道的。因此根据实验任务的准确度要求，就可以拟出几种初步方案，从其中选一种省钱省时的方案。如通常万用表测电阻的准确度为 10%～20%，用伏安法测准确度在 1%～2%，用直流电桥测则准确度可达 0.01%～1%。因此，如果测定电阻的准确度要求在百分十几时可用万用表电阻档测定，如果在 1%左右则可选择伏安法或电桥测量，再高则只能选择电桥测量。

（2）方案比较后确定。

有时几种方法没有明显的差异，这时要进行较详细的分析比较。除测量方法外还要考虑被测量的大小、仪表的基本误差、附加误差、量程等情况。

例如，测电阻的功率，我们可以采用下列原理：$P=UI$、$P=U^2/R$、$P=I^2R$、直接用功率表测量等，其中 P 为电阻 R 消耗的功率，U、I 为电压、电流。到底要采取哪种方法要看具体的设备及被测量的大小而定。

2．根据实验的任务与要求，制定实验方案，完成实验线路设计

确定了实验原理后，就应根据实验内容及要求，制定实验方案，完成实验线路的设计。实验线路的设计包括以下四个方面的内容：

（1）实验电路的设计。

（2）确定实验方法。

（3）元件参数的确定。

（4）元件容量的核算，仪表量程的选择。

1.6.2　实验设备的选择

实验设备的选择主要包括实验元器件的选择和测量仪器仪表及量程的选择。

1．实验元器件的选择

在实际应用中，各种元件（电阻、电感、电容等）通常要给出不同的额定值。例如电阻给出元件的额定功率值，实际上是限制了电阻元件上允许通过的最大电流值；电感给出元件允许通过的电流值，在实际应用中还要考虑电感元件的内阻参数，因为绕制电感的导线有内阻；电容则给出元件的耐压值。所以我们在选择实验中的元器件时，应该首先核算出电路在各种特殊情况时各元件所承受的不同电压和电流值，注意不能超过其额定值，否则将会烧毁元件。例如，对于 51Ω/0.5W 的电阻，其额定电流 $I=\sqrt{\dfrac{P}{R}}=\sqrt{\dfrac{0.5}{51}}=0.099\text{A}=99\text{mA}$。若使用该电阻，则应保证流过其上的电流值不超过 99mA，否则，将烧毁电阻元件。

2．测量仪器仪表及量程的选择

测量仪器仪表以及量程的选择很重要。选择测量的仪器仪表应根据具体的使用要求和测量准确度，即根据不同的准确度要求选择不同等级的仪器仪表，而量程的选择直接影响到测量误差的大小。在前面已阐明，正确的量程选择应该是使被测量量值尽量与所选量程接近，这样才能使一次测量中仪表所引起的最大示值相对误差最小。

1.6.3　设计实例

下面就以一个设计性实验“有源二端网络等效参数的测量”为例，来进一步说明设计思路及过程。

由戴维南定理或诺顿定理可知，任何一个线性有源一端口网络，对外部电路而言，总可以用一个电压源模型或电流源模型来代替，需要设计、测量原网络端口的开路电压 U_{oc}（短路电流 I_{SC}）、入端等效电阻 R_{eq} 及特性。

例 1-13　“有源二端网络等效参数的测量”实验任务要求：根据给定的 U_{oc}、R_{eq} 范围设计一个具有 1～2 个独立电源和 3～4 个电阻元件的有源一端口网络，测出端口网络的外特性曲线，对其进行分析、比较，得出网络是否等效的结论。端口网络的外特性曲线可分别由以下步骤得到。

1．用伏安法测量所设计网络端口的外特性曲线 I（即端口的伏安特性曲线），得到等效参数 U_{oc} 和 R_{eq}。

2．方法一：用开路短路法，即用等效参数 U_{oc}、R_{eq} 代替原网络，得到等效网络的外特性曲线Ⅱ。

方法二：用组合法，即用组合法得到等效参数 U_{oc} 和 R_{eq} 代替原网络，得到等效网络的外特性曲线Ⅱ。此处应考虑随机误差。

3．方法一：讨论方法误差，用开路短路法的修正公式对参数进行修正，得到 U'_{oc} 和 R'_{eq}，重新等效，得到修正网络的外特性曲线Ⅲ。

方法二：用组合法的修正公式对参数进行修正，得到 U'_{oc} 和 R'_{eq} 重新等效，得到修正网络的外特性曲线Ⅲ。

4．测定由无仪表内阻影响的方法（替代法和零示法等）测出的等效参数 U''_{oc}、R''_{eq} 组成的网络的外特性曲线Ⅳ。

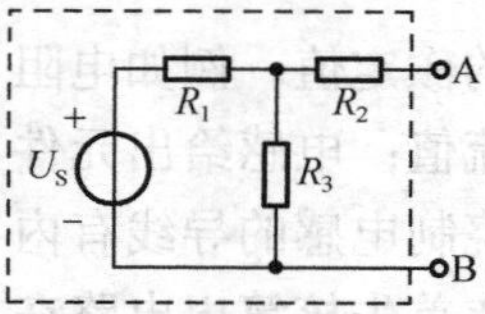

图 1-9　一端口网络

5．对Ⅰ、Ⅱ、Ⅲ、Ⅳ四条特性曲线进行比较。

首先，根据给定的参数，设计一个电阻网络，注意每一个电阻元件应该具有独立性。假如使用电压源，可选用 T 型网络，如图 1-9 所示。设计过程中，应该考虑下面一些因素。

（1）确定测量方法。采用伏安测量法。

（2）参数的确定以及仪表内阻的影响。在电流表测量元件流过电流的电路中（如图 1-10 所示）应该满足 $R_{eq}>>R_A$，在电压表测量元件两端电压的电路中（如图 1-11 所示）应该满足 $R_{eq}<<R_V$。

因此，当 $R_A<<R_{eq}<<R_V$ 时，仪表引起的测量误差最小。

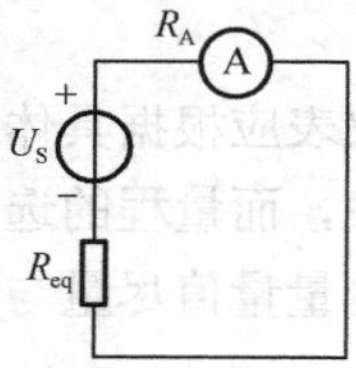

图 1-10　电流表测量电流电路

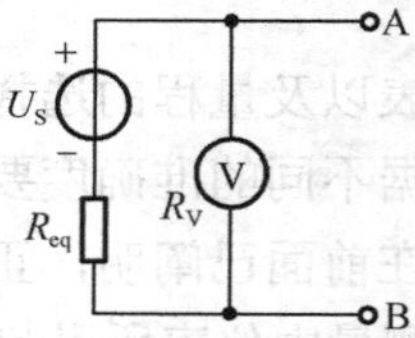

图 1-11　电压表测量电压电路

（3）仪表量程的选择。从一次测量时仪表所引起的最大示值相对误差尽量小方面来考虑，又要求被测量的示值接近仪表的量程，或仪表指针偏转大于等于满量程偏转时的 2/3，因此，在选择仪表量程时，要考虑多个方面的要求，反复调整参数，直到达到最佳匹配数据。

（4）核算元件的容量。我们在核算这里的电阻元件的容量时，应该算出电路在各种特殊情况（端口开路和短路）下各元件上流经的电流。例如，测量短路电流时（图 1-9 中直接将 A、B 短接）R_1 上将承受最大电流。注意不能超过其额定电流值，否则将会烧毁元件。

电路设计完成后，再根据实验任务要求设计实验步骤，数据表格。全部完成后，才能说是完成了实验的设计工作。下一步便是完成具体的实验操作、测量数据，最后经过实验数据处理，得出一定的结论。

总之，通过这个实验，要求掌握以下这样一些知识点：

（1）戴维南定理的等效性。

（2）量程的选择与确定参数的关系。

（3）实际应用中元件容量的核算。

（4）元件特性的测量法—伏安测量法。

（5）系统误差（此处为方法误差）和随机误差对测量数据的影响，误差的修正。

（6）实验数据的处理等。

第 2 章　Multisim 软件简介

Multisim 是美国国家仪器（NI）有限公司推出的以 Windows 为基础的仿真工具，适用于板级的模拟/数字电路板的设计工作。它的前身为 EWB（Electronics WorkBench）软件，它以界面形象直观、操作方便、分析功能强大、易学易用等突出优点，早在 20 世纪 90 年代初就在我国得到迅速推广，并作为电子类专业课程教学和实验的一种辅助手段。它包含了电路原理图的图形输入、电路硬件描述语言输入方式，能胜任电路分析、模拟电路、数字电路、高频电路、RF 电路、电力电子及自动控制原理等各方面的虚拟仿真，并提供多达 18 种基本分析方法，具有丰富的仿真分析能力。2015 年 NI 公司推出了 Multisim14.0 版本，进一步增强了强大的仿真技术，新增的功能包括全新的参数分析、与新嵌入式硬件的集成以及通过用户可定义的模板简化设计。

2.1　Multisim 的基本功能和操作

打开 Multisim 后，其基本界面如图 2-1 所示。Multisim 的基本界面主要包括菜单栏、工具栏、仿真电源开关、元器件栏、仪器仪表栏、设计工具箱、电路工作区、状态栏等。

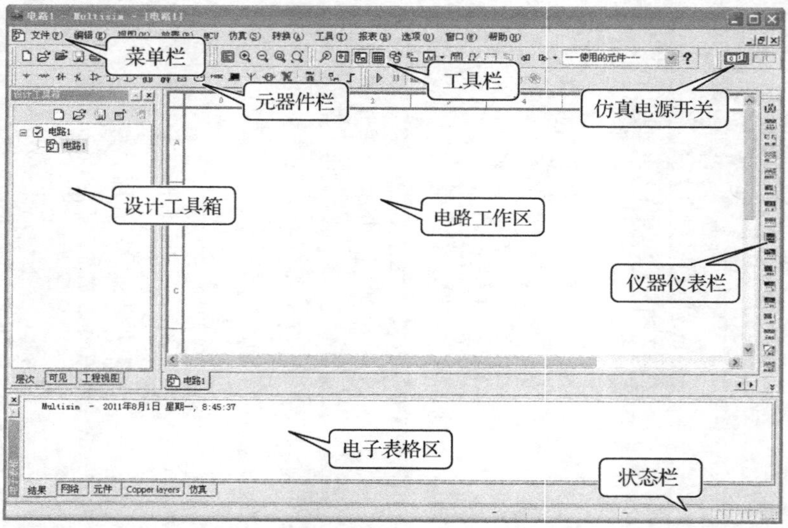

图 2-1　Multisim 的基本界面

1．界面设置

初次使用 Multisim 前，应该对 Multisim 基本界面进行设置。设置完成后可以将设置内容保存起来，以后再次打开软件就可以不必再作设置。基本界面设置是通过主菜单中“选项”的下拉菜单进行的。

（1）如图 2-2 所示，单击主菜单中的“选项”，在其下拉菜单中选第一项“全局参数”，打开设置对话框，在“零件”选项卡下有 2 栏内容，“放置元件方式”栏，建议选中“连续放置元件”单选按钮。“符号标准”栏，建议选中“DIN”单选按钮，即选取元件符号为欧洲标准模式。“仿真”选项卡下有 3 栏内容，“Graphs”栏，建议选中“白色”单选按钮，即仪器设备的背景色默认为“白色”。设置完成后单击“确定”按钮退出。

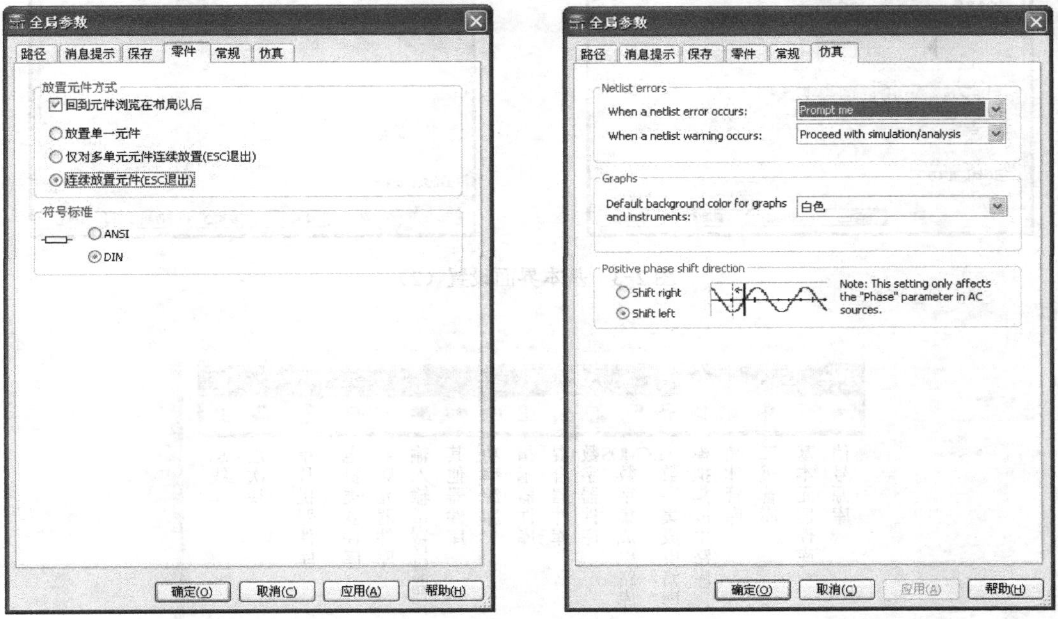

图 2-2 基本界面设置（1）

（2）仍在主菜单中的“选项”下拉菜单中，选中其第二项“页属性”，将出现“页属性”对话框，如图 2-3 所示，在“电路”选项卡中的“网络名称”栏中选择“全部显示”单选按钮。在“工作区”选项卡中，在“显示”栏中取消对“显示网络”复选框的选择。然后单击“确定”按钮退出。

2．元件栏

常用元件库如图 2-4 所示。在元器件栏中单击要选择的元器件库图标，打开相应的元件库。在屏幕出现的“选择元件”对话框中选择所需的元器件，单击“确定”按钮后，将其放置在电路图中，如图 2-5 所示。

图 2-3 基本界面设置（2）

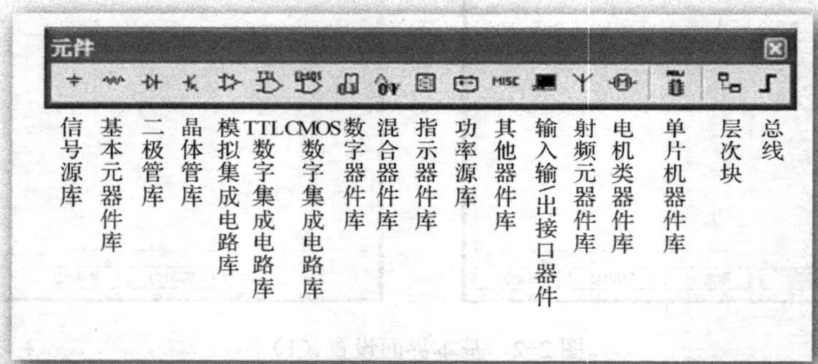

图 2-4 元器件栏

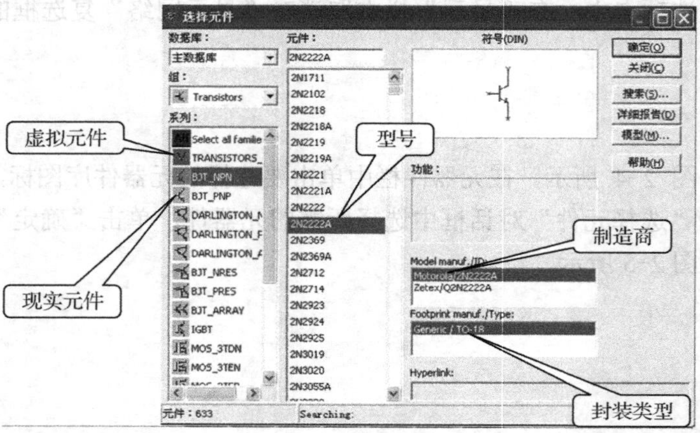

图 2-5 “选择元件”对话框

这里介绍一些电工技术实验中使用到的元器件：

（1）单击“信号源（Sources）”按钮，在弹出的对话框中的“系列”栏，有各种电源，如直流电压源（DC_POWER）、交流电压源（AC_POWER）、数字地（DGND）、模拟地（GROUND）、三相△接电压源（THREE_PHASE_DELTA）、三相 Y 接电压源（THREE_PHASE_WYE）、直流电流源（DC_CURRENT）、交流电流源（AC_CURRENT）、电压控制电压源、电流控制电压源、电压控制电流源、电流控制电流源等。

（2）在“基础（Basic）”元件系列里，有电阻元件（RESISTOR）、电感（INDUCTOR）元件、电容（CAPACITOR）元件、开关（SWITCH）元件等。开关（SWITCH）元件栏中有单刀单掷开关（SPST）、单刀双掷开关（SPDT）。

（3）指示器件库（Indicators）里有电压表（VOLTMETER），电流表（AMMETER），探测器（PROBE），灯泡（LAMP）等。

3. 仪器仪表栏

Multisim 在仪器仪表栏下提供了 22 个常用仪器仪表，如图 2-6 所示，依次为：万用表、函数信号发生器、功率表、示波器、四踪示波器、波特图示仪、频率计、字发生器、逻辑分析仪、逻辑转换器、IV 分析仪、失真分析仪、频谱分析仪、网络分析仪、安捷伦函数发生器、安捷伦万用表、安捷伦示波器、泰克示波器、测量探针、LabVIEW 测试仪、NI ELVISmx Instruments、电流探针。

图 2-6 仪器仪表栏

4. 元器件基本操作

（1）选中元器件。单击元件，可选中该元器件。

（2）设置元器件特性参数。双击该元件，在弹出的“元器件特性”对话框中，可以设置或编辑元器件的各种特性参数。

（3）其他操作。选中元器件后，单击鼠标右键，在弹出的菜单中出现元器件编辑操作命令。如图 2-7 所示，常用的元器件编辑功能有：剪切、复制、粘贴、删除、水平镜像、垂直镜像、顺时针旋转 90°、逆时针旋转 90° 等。这些操作可以在菜单栏的“编辑”子菜单中找到相应的菜单命令，也可以应用快捷键进行快捷操作。

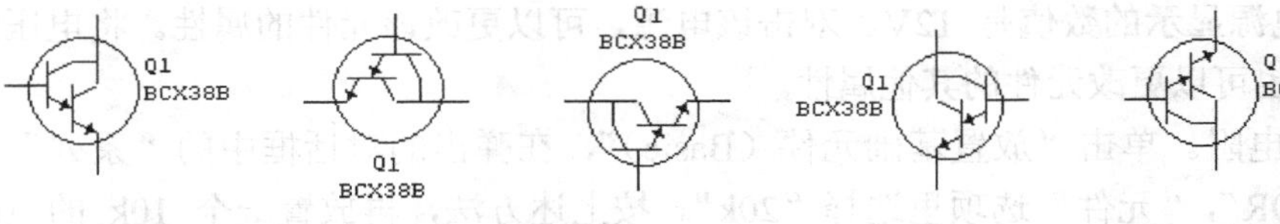

原始图像 顺时针旋转 90° 逆时针旋转 90° 水平翻转 垂直翻转

图 2-7 元器件基本操作

5. 文本基本编辑

文字注释方式有两种：直接在电路工作区输入文字或者在电路描述框输入文字，两种操作方式有所不同。

（1）在电路工作区输入文字。

单击“放置/文本”命令或使用“Ctrl+Alt+A”快捷键进行操作，然后用鼠标单击需要输入文字的位置，输入需要的文字。用鼠标指向文字块，单击鼠标右键，在弹出的快捷菜单中选择“Pen Color”命令，再选择需要的颜色。双击文字块，可以随时修改输入的文字。

（2）在电路描述框输入文字。

利用电路描述框输入文字不占用电路窗口，可以对电路的功能、实用说明等进行详细的说明，可以根据需要修改文字的大小和字体。单击“视图/电路描述框”命令或使用“Ctrl+D”快捷键进行操作，可以打开电路描述框，需要编辑时，就要单击“工具 Tools/Description Box Editor”命令，在其中输入需要说明的文字，可以保存和打印输入的文本。

6. 典型电路仿真操作

以图 2-8 所示的直流分压电路测量 R_2 电阻上的电压值为例，说明电路仿真操作。

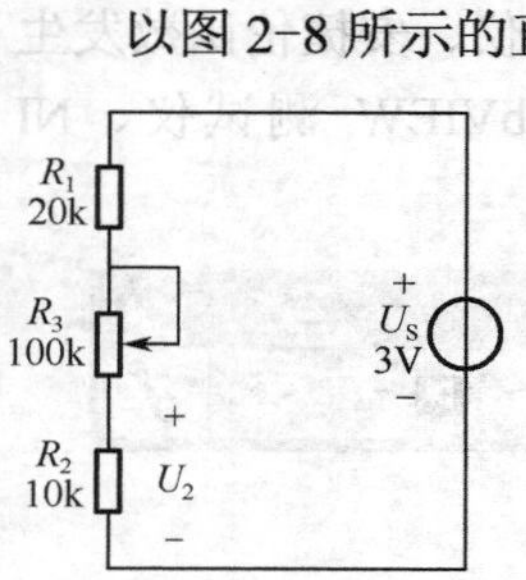

图 2-8　直流分压电路

（1）打开 Multisim 设计环境。

弹出一个新的电路图编辑窗口，在工程栏同时出现一个新的名称。单击“保存”按钮，可将该文件保存到指定文件夹下。

这里需要说明的是：

① 文件的名字要能体现电路的功能，要让自己看到该文件名就能一下子想起该文件实现了什么功能。

② 在电路图的编辑和仿真过程中，要养成随时保存文件的习惯。以免由于没有及时保存而导致文件的丢失或损坏。

③ 文件的保存位置，最好用一个专门的文件夹来保存所有基于 Multisim 的文件，这样便于管理。

（2）根据电路图选择元件并放置。

① 首先放置电源。单击元件栏的“放置信号源（Sources）”选项，出现如图 2-9 所示的“选择元件”对话框。在“系列”选项里选择“POWER_SOURCES”，在“元件”选项里，选择“DC_POWER”。单击“确定”按钮，移动鼠标到电路编辑窗口，选择放置位置后，单击即可将电源符号放置于电路编辑窗口中，放置完成后，还会弹出“选择元件”对话框，可以继续放置其他元件，单击“关闭”按钮可以取消放置。

放置的电源显示的数值是 12V。双击该电源，可以更改该元件的属性。将电压的数值改为 3V。当然也可以更改元件的其他属性。

② 放置电阻。单击“放置基础元件（Basic）”，在弹出的对话框中的“系列”选项里选择“RESISTOR”，“元件”选项里选择“20k”。按上述方法，再放置一个 10k 的电阻和一个 100k 的可调电阻（POTENTIOMETER 系列）。放置完毕后，如图 2-10 所示。

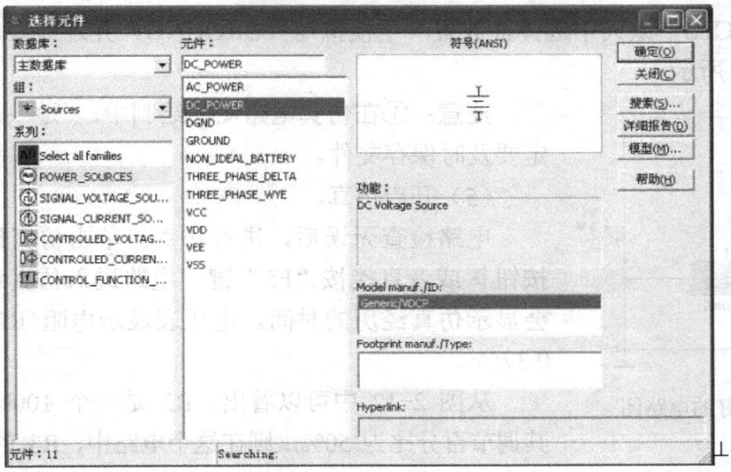

图 2-9　“选择元件”对话框

③ 放置电压表。在指示器件栏选择“电压表（VOLTMETER）”，有四种电压表可供选择，使用鼠标单击“VOLTMETER_H”，再单击“确定”按钮，将电压表放置在合适位置。要查看和修改电压表的属性，同样可以双击鼠标左键进行操作。如图 2-11 所示，电压表的极性为左“+”右“-”。

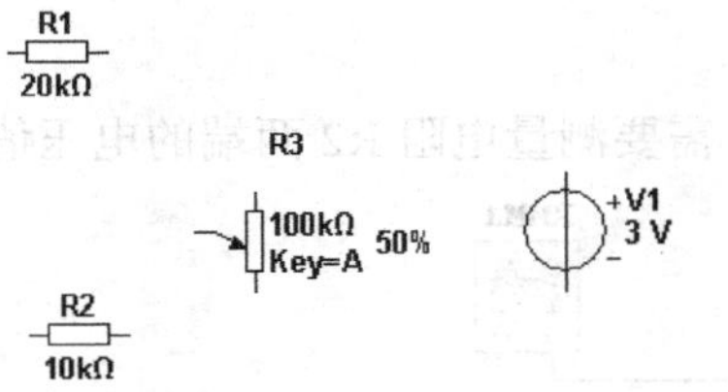

图 2-10　电路元件图

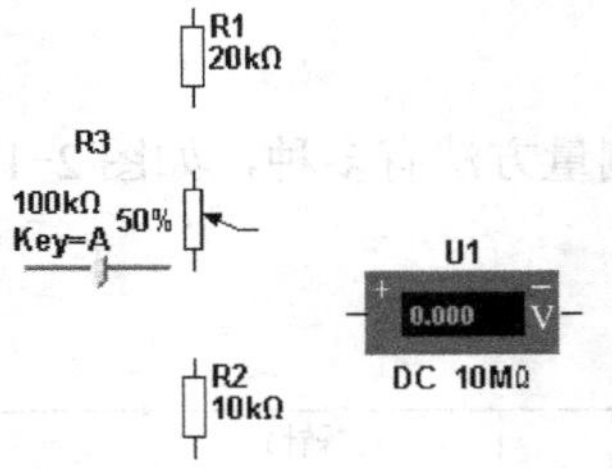

图 2-11　摆放好的电路元件图

④ 摆放元件。放置后的元件都按照默认的摆放情况被放置在编辑窗口中。以鼠标右键单击电阻 R1，在弹出的对话框中选择让元件顺时针或者逆时针旋转 90°，将电阻 R1 变成竖直摆放。如果元件摆放的位置不合适，想移动一下元件的摆放位置，则将鼠标放在元件上，按住鼠标左键，即可拖动元件到合适位置。

（3）连线。

将鼠标移动到电源的正极，当鼠标指针变成“+”时，表示导线已经和正极连接起来了，单击鼠标将该连接点固定，然后移动鼠标到电阻 R1 的一端，出现小红点后，表示正确连接到 R1 了，单击鼠标左键固定，这样一根导线就连接好了。如果想要删除这根导线，用鼠标左键选择该导线，单击鼠标右键，在弹出的快捷菜单中选择“删除”命令，即可将该导线删除，或者直接按“Delete”键删除。

（4）放置“地”。

按照前面第（2）步的方法，单击元件栏的“放置信号源（Sources）”选项，在

“POWER_SOURCES”系列中选择并放置一个模拟地（GROUND）并连线好。电路全部连接完毕，如图 2-12 所示。

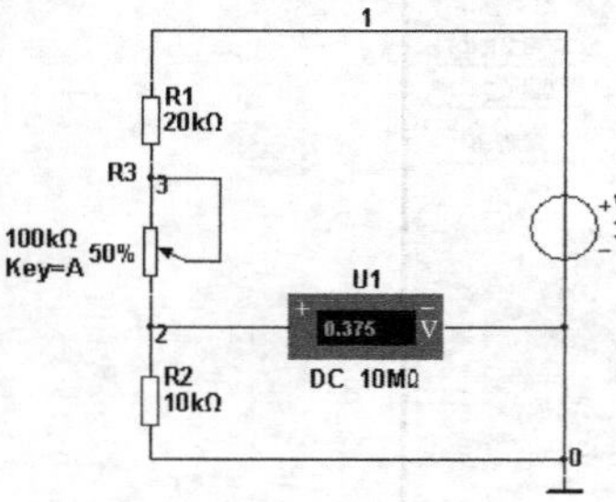

图 2-12　连接好的电路图

注意：①在仿真电路图的绘制中，“地”是必须的。②一定要及时保存文件。

（5）开启仿真。

电路检查无误后，进行仿真。单击仿真栏中的绿色开始按钮▶或者直接按“F5”键。电路进入仿真状态，在右下方会显示仿真经历的时间。电压表显示电阻 R2 两端的电压为 0.375V。

从图 2-12 中可以看出，R3 是一个 100kΩ的可调电阻，其调节百分比为 50%，则在这个电路中，R3 的阻值为 50kΩ。通过按键 A 改变 R3 的阻值，可观察 R2 两端电压表的数值变化，请读者分析变化规律。

2.2 Multisim 的电量测量方法

电路实验中涉及的电量有电压、电流、电功率，此外相关的测量还有波形测量及相位差测量。下面介绍这些测量方法。

1. 电压测量

电压数值的测量方法有多种，如图 2-13 所示，需要测量电阻 R2 两端的电压值。

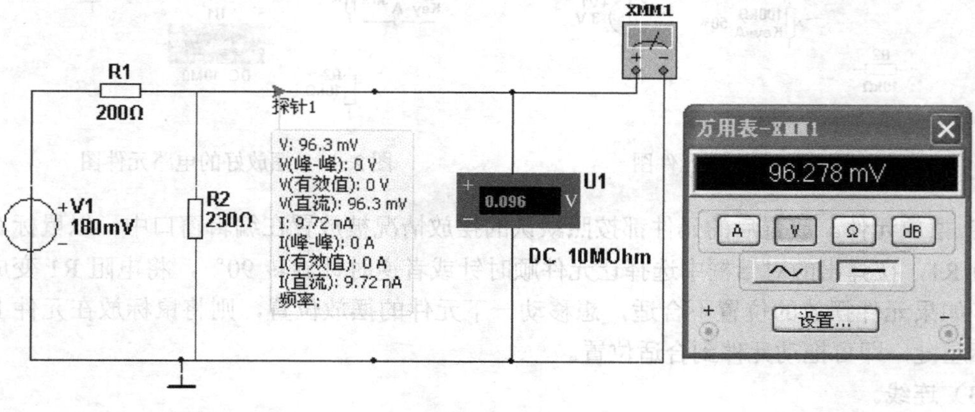

图 2-13　电压的 3 种测量方法

（1）用指示器件库（Indicators）的“电压表（VOLTMETER）”测量。

该方法已在 2.1 中阐述过。电压表 U1 要并连接在被测元件两端，测量时要区分直流量和交流量，电压表可设置模式为“DC”或者“AC”，测量直流量时用“DC”模式；测量交流量时用“AC”模式，显示的是有效值。也可设置电压表的内阻，默认值为 10Mohm（注：ohm 即Ω）。需要注意的是，测量的数据没有达到 3 位有效数字时，如 0.096V，则该测量数值误差较大，需要用其他方法进行测量。

（2）用仪器仪表栏的“万用表（Multimeter）”测量。

单击仪器仪表栏的万用表后，有一个万用表 XMM1 虚影跟随鼠标移动在电路窗口的相应位置，单击鼠标左键，完成万用表的放置，此时万用表也采用并联连接。双击万用表图标得到数字万用表参数设置控制面板。黑色条形框用于显示测量数值。测量类型的选取为电压“V”，再选择测量模式为交流“～”（显示的是有效值）或直流“—”。单击“设置”按钮，可以设置数字万用表的其他参数。

（3）用仪器仪表栏的“测量探针（Probe）”测量。

将测量探针连接到电路中的测量点，测量探针即可测量出该点电压的“瞬时值”、“峰-峰值”、“有效值”、“直流值”和频率值。14.0 版本用电压探针（Voltage Probe）来测量电压值。

（4）使用电路分析功能中的“直流工作点分析（DC Operating Point）”。

单击菜单栏“仿真”中的“分析”菜单，弹出电路分析菜单。具体见2.3 节。

2. 电流测量

电流数值的测量方法有多种，如图 2-14 所示，需要测量电路的电流值。

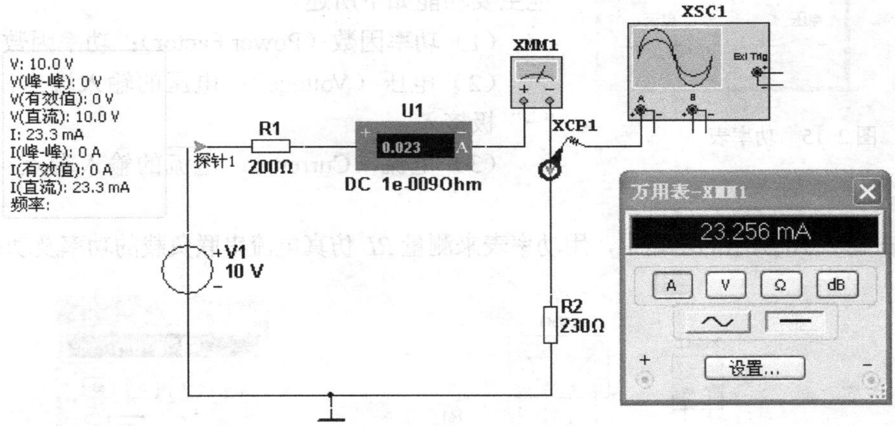

图 2-14　电流的 4 种测量方法

（1）用指示器件库（Indicators）的“电流表（AMMETER）”测量。

电流表也有四种形式，有不同电流方向和摆放方向，电流表 U1 必须串联在需要测量的位置。若是交流电，则电流表应设置模式为“AC”，显示的是有效值；直流电路则设置为“DC”模式，也可设置电流表的内阻，默认值为 1×10^{-9}Ohm。需要注意的是，测量的数据没有达到 3 位有效数字时，如 0.023A，则该测量数值误差较大，需要用其他方法进行测量。

（2）用仪器仪表栏的“万用表（Multimeter）”测量。

单击仪器仪表栏的万用表后，有一个万用表 XMM1 虚影跟随鼠标移动在电路窗口的相应位置，单击鼠标，完成万用表的放置，此时万用表采用串联连接，注意电流方向。双击该图标得到数字万用表参数设置控制面板。测量类型选取为电流“A”，再选择测量模式为交流“～”（显示的是有效值）或直流“-”。

（3）用仪器仪表栏的“测量探针（Probe）”测量。

将测量探针连接到电路中的测量点，测量探针即可测量出该点电流“瞬时值”、“峰-峰值”、“有效值”、“直流值”和频率值。14.0 版本用电流探针（Current Probe）来测量电流值，需要注意测量方向。

（4）使用仪器仪表栏的“电流探针（Current Clamp）”测量。

电流探针 XCP1 的另一端要和示波器 XSC1 相连，即通过示波器查看电流值。双击电流探针可以设置“电压/电流比”，默认值为 1V/mA。从示波器里读取到的电压幅值，通过“电压/电流比”，即可得到所需要的电流测量值。

3．电功率测量

电功率测量，直接可用仪器仪表栏的功率表（Wattmeter）进行测量。它可以测量电路的交流的有功功率或直流的功率，还可以测量功率因数。

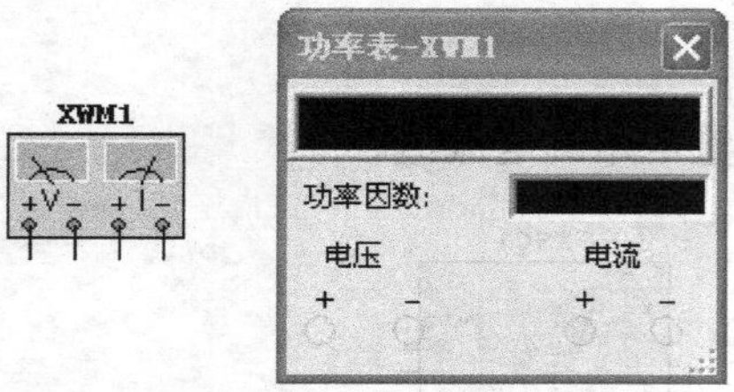

图 2-15　功率表

单击仪器仪表栏的“功率表”，得到如图 2-15 所示的功率表图标 XWM1。双击该图标，便可以得到参数设置控制面板。黑色条形框用于显示所测量的功率，其他主要功能如下所述。

（1）功率因数（Power Factor）：功率因数显示栏。

（2）电压（Voltage）：电压的输入端点，从“+”、“-”极接入。

（3）电流（Current）：电流的输入端点，从“+”、“-”极接入。

下面在图 2-16 所示的电路中，用功率表来测量 *RL* 仿真电流串联负载的功率及功率因数。

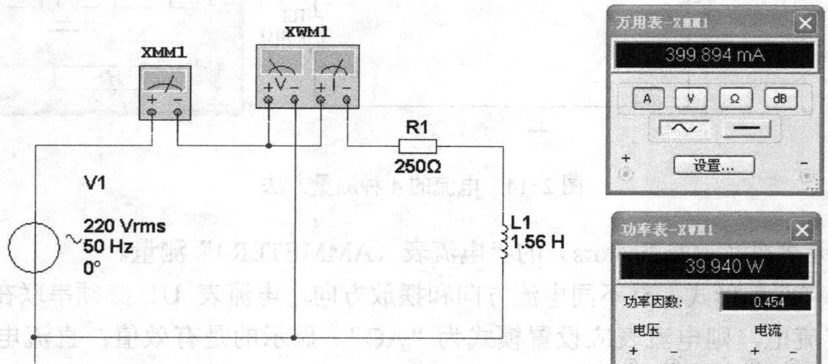

图 2-16　RL 仿真电路

V1 是交流电压源（信号源库 Sources/POWER_SOURCES 系列的 AC_POWER），L1 是电感（基本器件库 Basic/INDUCTOR）。开启仿真，如图 2-16 所示。从结果中可以看到，功率表显示有功功率为 39.940W，电路的功率因数为 0.454，万用表 XMM1 测量的是电流有效值为 399.894mA。注意功率因数并没有区分电路的性质是感性还是容性。14.0 版本还有用功率探针（Power Probe）来直接测量功率，将功率探针直接放在被测元件上即可。

4. 函数信号发生器

函数信号发生器（Function Generator）是用来提供正弦波、三角波和矩形波信号的电压源。

单击仪器仪表栏的“函数信号发生器”，得到如图 2-17（左）所示的函数信号发生器图标 XFG1。双击该图标，得到该函数信号发生器的参数设置控制面板。最上面的三个按钮用于设置输出波形，分别为正弦波、三角波和矩形波。信号选项各个部分的功能如下所示。

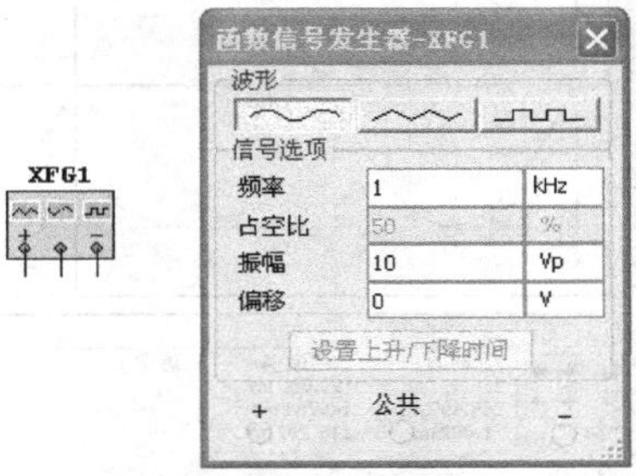

图 2-17　函数信号发生器

（1）频率（Frequency）：设置输出信号的频率。

（2）占空比（Duty Cycle）：设置输出的矩形波和三角波电压信号的占空比。

（3）振幅（Amplitude）：设置输出信号幅度的峰值。

（4）偏移（Offset）：设置输出信号的偏置电压，即设置输出信号中直流成分的大小。

（5）设置上升/下降时间（Set Rise/Fall Time）：设置上升沿与下降沿的时间。仅对矩形波有效。

（6）+：表示波形电压信号的正极性输出端。

（7）-：表示波形电压信号的负极性输出端。

（8）Common：表示公共接地端。

下面以图 2-18 所示的仿真电路为例来说明函数信号发生器的应用。函数信号发生器用来产生幅值为 10V，频率为 1kHz 正弦波交流信号，用万用表 XMM1 测量，测量的电压值是正弦波的有效值。

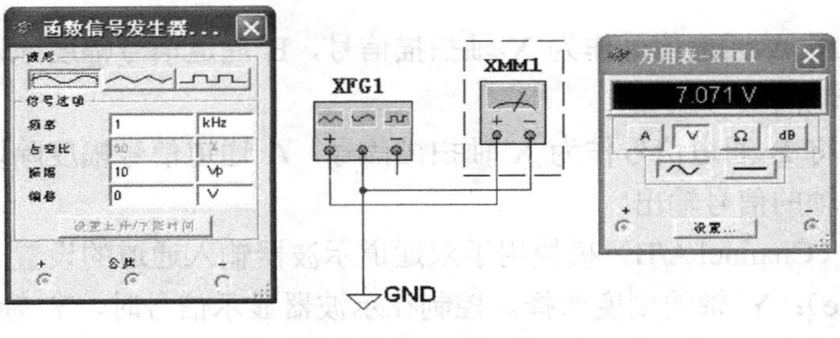

图 2-18　函数信号发生器的应用

5. 信号波形测量

被测量信号的波形主要用示波器（Oscilloscope）来显示并测量。单击仪器仪表栏的“示波器”，得到图 2-19 所示的示波器图标 XSC1。双击该图标，得到该示波器的参数设置控制面板。该控制面板的主要功能如下所述。

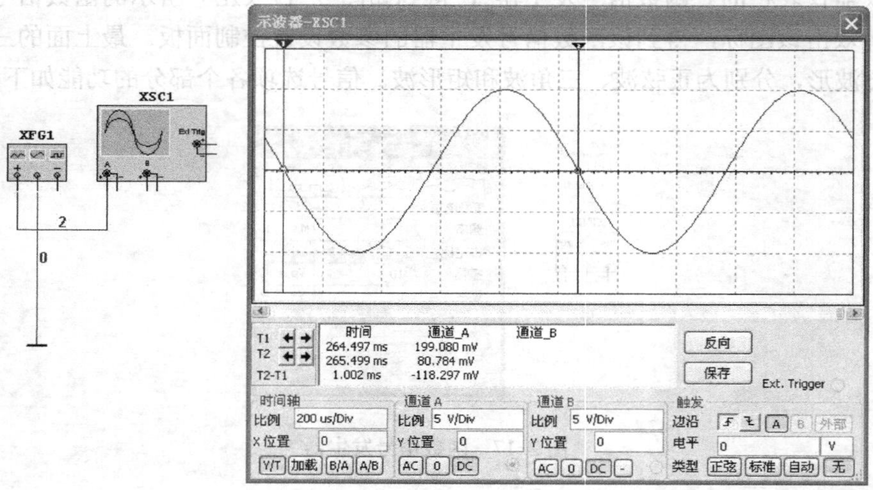

图 2-19　示波器电路

示波器的面板控制设置与真实示波器的设置基本一致，分时间轴模块、通道 A/B 模块和触发模块的控制设置。

（1）时间轴模块（Timebase）主要用来进行时基信号的控制调整。其各部分功能如下所述。

① 比例（Scale）：X 轴刻度选择。控制在示波器显示信号时，横轴每一格所代表的时间。单位为 s/Div。范围为 1fs～1000Ts（注：$1fs=10^{-15}s$，$1Ts=10^{12}s$）。

② X 位置（X position）：用来调整时间基准的起始点位置。即控制信号在 X 轴的偏移位置。一般情况下不改变。

③ Y/T 按钮：选择 X 轴显示时间刻度且 Y 轴显示电压信号幅度的示波器显示方法。

④ Add：选择 X 轴显示时间以及 Y 轴显示的电压信号幅度为 A 通道和 B 通道的输入电压之和。

⑤ B/A：选择将 A 通道信号作为 X 轴扫描信号，B 通道信号幅度除以 A 通道信号幅度后所得信号作为 Y 轴的信号输出。

⑥ A/B：选择将 B 通道信号作为 X 轴扫描信号，A 通道信号幅度除以 B 通道信号幅度后所得信号作为 Y 轴的信号输出。

（2）通道 A/B（Channel A/B）模块用于双通道示波器输入通道的设置。

① 比例（Scale）：Y 轴的刻度选择。控制在示波器显示信号时，Y 轴每一格所代表的电压刻度。单位为 V/Div，范围 1fV～1000TV。

② Y 位置（Y position）：用来调整示波器 Y 轴方向的原点。

③ AC 方式：滤除信号的直流部分，仅仅显示信号的交流部分。

④ 0：没有信号显示，输出端接地。

⑤ DC 方式：直接显示原始信号。

（3）触发（Trigger）模块用于设置示波器的触发方式。

① 边沿（Edge）：触发边缘的选择设置，有上边沿和下边沿等选择方式。

② 电平（Level）：设置触发电平的大小，该选项表示只有当被显示的信号幅度超过右侧文本框中的数值时，示波器才能进行采样显示。

③ 单脉冲（Single）：单脉冲触发方式，满足触发电平的要求后，示波器仅仅采样一次。每按 Single 一次产生一个触发脉冲。

④ 标准（Normal）：只要满足触发电平要求，示波器就采样显示输出一次。

⑤ 自动（Auto）：自动触发方式，只要有输入信号就显示波形。

⑥ 无（None）：没有触发。

下面介绍数值显示区的设置。

T1 对应着 T1 的游标指针，T2 对应着 T2 的游标指针。单击 T1 右侧的左右指向的两个箭头，可以将 T1 的游标指针在示波器的显示屏中移动。T2 的使用同理。当波形在示波器的屏幕稳定后（可以使用暂停仿真的功能），通过左右移动 T1 和 T2 的游标指针，在示波器显示屏下方的条形显示区中，对应显示 T1 和 T2 游标指针使对应的时间和相应时间所对应的 A/B 波形的幅值。通过这个操作，可以简要地测量 A/B 两个通道的各自波形的周期和某一通道信号的上升和下降时间。在图 2-19 中，A、B 表示两个信号输入通道，Ext Trig 表示触发信号输入端，“-”表示示波器的接地端。在 Multisim 中“-”端不接地也可以使用示波器。

示波器应用举例：用 Multisim 软件建立如图 2-19 所示的仿真电路。将函数信号发生器 XFG1 设置为正弦波交流信号，幅值为 10V，频率为 1kHz。开启仿真，结果如图 2-19 所示。读者可自行分析波形参数。

另外，示波器里的波形还可以通过记录仪来获取。单击菜单栏中的“视图 View/记录仪 Grapher”，即可打开“查看记录仪”对话框，如图 2-20 所示，可用鼠标左键划出一部分区域将波形放大，并用显示光标“Cursor/Show cursors”命令，出现如图 2-21 的波形，可以测量信号的周期和幅值。具体方法为：从图的左上角拉出 2 个倒三角标红色的“1”和蓝色的“2”，用鼠标左键拖放到波形的两个相邻波峰处，在右侧的 cursor 信息栏的“x1”、“y1”是光标“1”的横坐标和纵坐标，“x2”、“y2”是光标“2”的横坐标和纵坐标，“dx”是两个光标横坐标之差，“dy”是两个光标纵坐标之差。从图 2-21 的信息栏可以测量出信号的周期是“dx”值，即 1.0007ms，频率为“1/dx”值，即 999.2866Hz。同时信号的幅值为“y1”、“y2”值，即 9.9980V。双踪示波器还可以测量两个波形的相位差，详见 5.5 节。

除了示波器外，Multisim 还提供四踪示波器（Four channel oscilloscope），面板设置和双踪示波器类似，四个通道 Channel A～D 的选择可以按旋钮来切换。

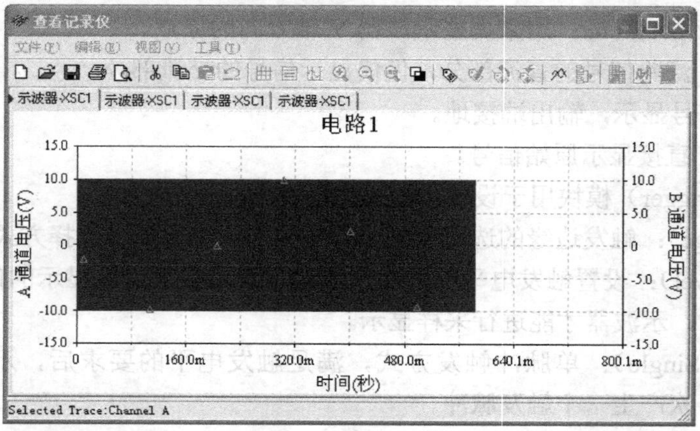

图 2-20　记录仪

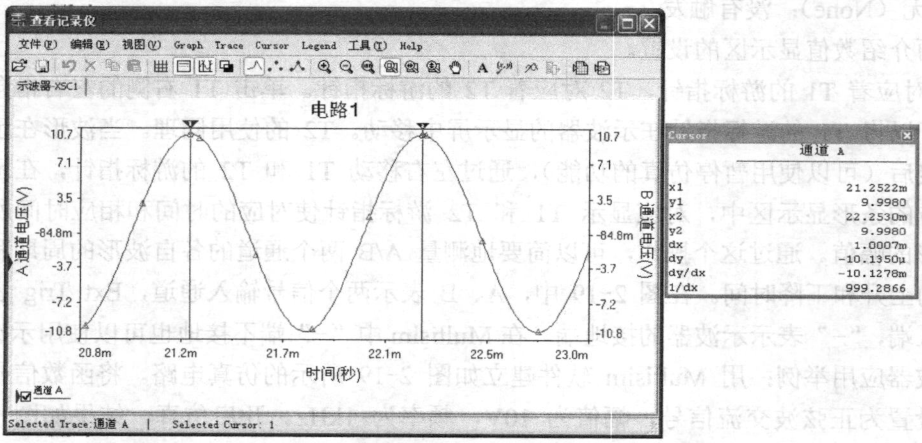

图 2-21　波形放大后的记录仪

6．频率特性的测量

滤波器的频率特性（幅频特性和相频特性）主要用波特图示仪（Bode Plotter）来测量。单击仪器仪表栏的“波特图示仪”，得到如图 2-22 所示的波特图示仪图标 XBP1。双击该图标，得到内部参数设置控制面板。该控制面板分为以下四个部分。

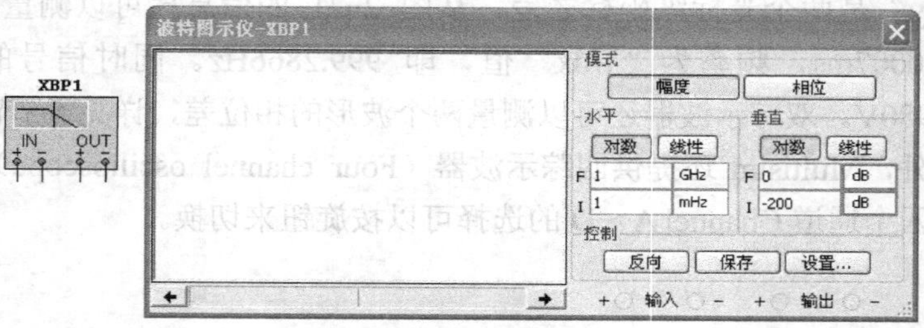

图 2-22　波特图示仪

模式（Mode）区域是输出方式选择区。

（1）幅度（Magnitude）：用于显示被测电路的幅频特性曲线。

（2）相位（Phase）：用于显示被测电路的相频特性曲线。

水平（Horizontal）区域是水平坐标（X 轴）的频率显示格式设置区，水平轴总是显示频率的数值。

（1）对数（Log），水平坐标采用对数的显示格式。线性（Lin），水平坐标采用线性的显示格式。

（2）F：水平坐标（频率）的最大值。I：水平坐标（频率）的最小值。

垂直（Vertical）区域是垂直坐标的设置区。

（1）对数（Log），垂直坐标采用对数的显示格式。线性（Lin），垂直坐标采用线性的显示格式。

（2）F：垂直坐标（频率）的最大值。I：垂直坐标（频率）的最小值。

控制（Control）区是输出控制区。

（1）反向（Reverse）：将示波器显示屏的背景色由黑色改为白色。

（2）保存（Save）：保存显示的频率特性曲线及其相关的参数设置。

（3）设置（Set）：设置扫描的分辨率。

在波特图示仪最下方有 In 和 Out 两个接口。In 是信号输入端口：“+”和“-”分别接入输入信号的两端。Out 是信号输出端口：“+”和“-”分别接入输出信号的两端。具体接法详见 4.11 节。

此外，频率特性还可以用交流分析功能来测定，详见 2.3 节。

2.3　Multisim 的基本分析方法

Multisim 具有较强的分析功能，用鼠标单击仿真菜单中的分析（Analysis）菜单（Simulate→Analysis），可以弹出电路分析菜单。

1. 直流工作点分析（DC Operating Point）

直流工作点分析也称静态工作点分析，是在电路中电容开路、电感短路时，计算电路的直流工作点，即在恒定激励条件下求电路的稳态值。

在电路工作时，无论是大信号还是小信号，都必须给半导体器件以正确的偏置，以便使其工作在所需的区域，这就是直流工作点分析要解决的问题。了解电路的直流工作点，才能进一步分析电路在交流信号作用下电路能否正常工作。求解电路的直流工作点在电路分析过程中是至关重要的。

执行“仿真（Simulate）/分析（Analyses）”菜单命令，在列出的可操作分析类型中选择直流工作点分析（DC Operating Point），则出现“直流工作点分析”对话框，如图 2-23 所示。将左侧电路变量添加到右侧分析所选变量中，可以按“Shift”或“Ctrl”键来多选变量，单击“仿真”按钮即可得到相应的电压、电流分析结果，如图 2-24 所示。

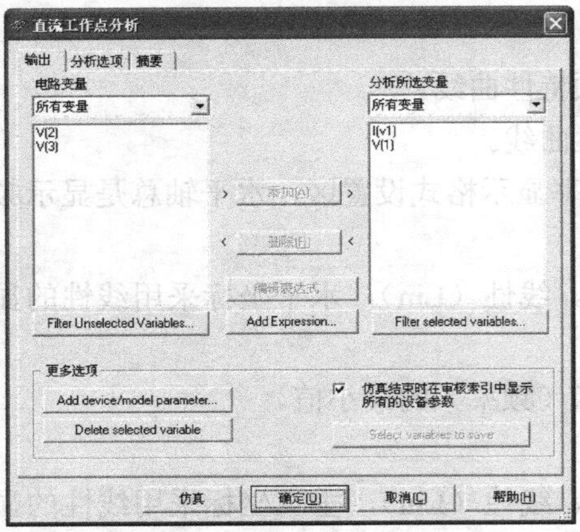

图 2-23 “直流工作点分析”对话框

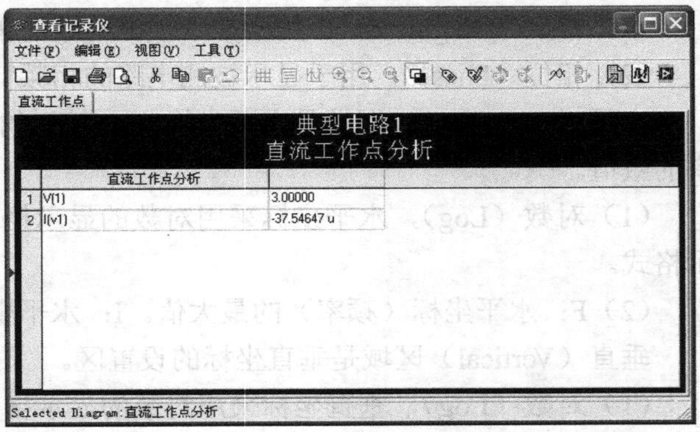

图 2-24 直流工作点分析结果

需要注意的是，如果选择了电流作为分析变量，则有可能会出现电流实际应是正值而显示为负值的情况，这是因为此时电流方向是按照 Multisim 的元件内部定义的管脚（Pins）从 1 指向 2，可以双击该元件，查看管脚（Pins）的内部编号。选择功率作为分析变量时，功率值为正值时，表示该元件吸收功率；反之功率值为负值时，表示元件发出功率。

2．交流分析（AC Analysis/Sweep）

交流分析是在正弦小信号工作条件下的一种频域分析。它计算电路的幅频特性和相频特性，是一种线性分析方法。Multisim 在进行交流频率分析时，首先分析电路的直流工作点，并在直流工作点处对各个非线性元件做线性化处理，得到线性化的交流小信号等效电路，并用交流小信号等效电路计算电路输出交流信号的变化。在进行交流分析时，电路工作区中自行设置的输入信号将被忽略。也就是说，无论给电路的信号源设置的是三角波还是矩形波，进行交流分析时，都将自动设置为正弦波信号，分析电路随正弦信号频率变化的频率响应曲线。

执行“仿真（Simulate）/分析（Analyses）”菜单命令，在列出的可操作分析类型中选择交流分析（AC Analysis/Sweep），则出现“交流小信号分析”对话框，如图 2-25 所示。在“频率参数”选项卡中，一般采用默认值，而在“输出页”选项卡中，一定要选择好输出的节点，如本例中，选择节点 1 作为分析点，如图 2-26 所示。单击“仿真”按钮即可得到测试曲线，如图 2-27 所示。

测试结果给出电路中节点 1 的幅频特性曲线（Magnitude）和相频特性曲线（Phase）。一般可以通过幅频特性曲线读取信号的截止频率和带宽，截止频率的定义是当保持输入信号的幅度不变，输出信号降至最大值的 0.707 倍（幅频特性幅度下降 3dB）时的频率，本例中可以通过令“Cursor/Show Cursors”菜单命使用光标测量工具测量截止频率。图 2-27 幅频特性曲线中，纵坐标是幅度，单位是 dB，保持倒三角标“2”维持不动，其信息栏 Cursor 中纵坐标“y2”为 9.9992，即为信号最大值；用鼠标左键将倒三角标“1”拖放到“y1”为“9.9992−3=6.9992”附近，读取其横坐标“x1”值，即截止频率值为 81.9961Hz。其带宽为 BW=81.9961−1=80.9961Hz。

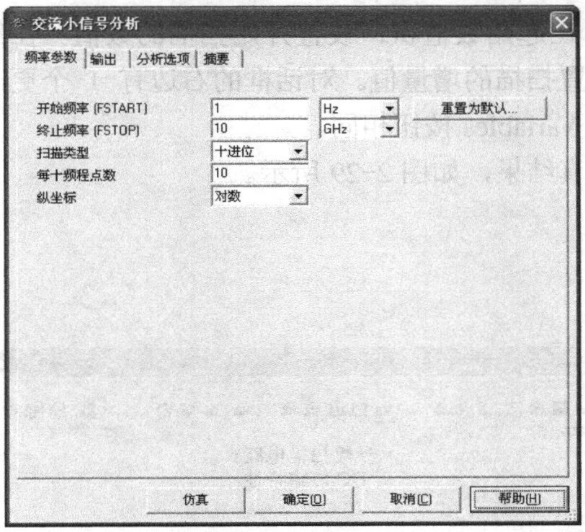

图 2-25 “交流小信号分析”对话框（1）

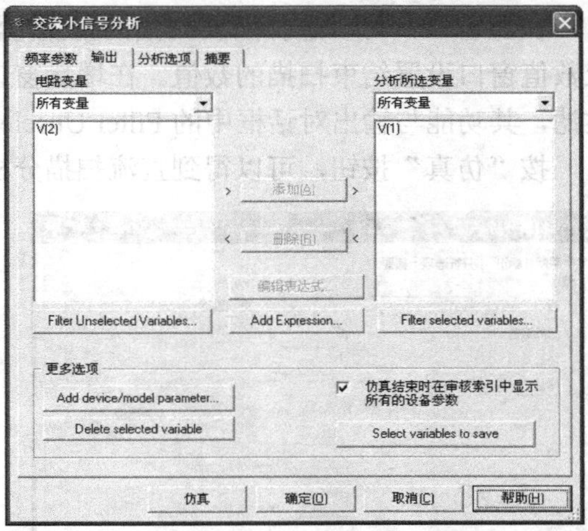

图 2-26 “交流小信号分析”对话框（2）

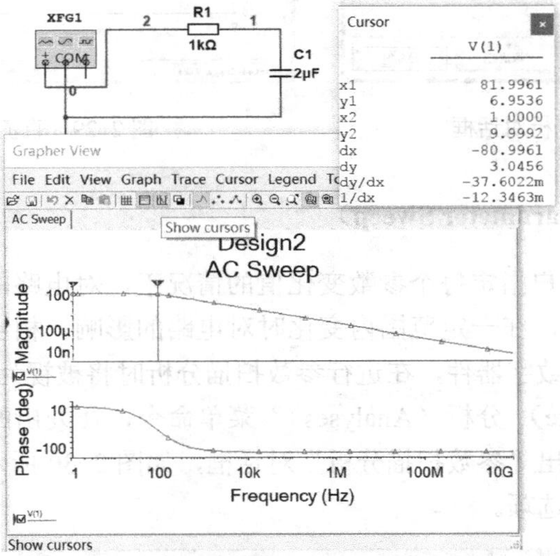

图 2-27 交流分析结果

需要指出的是，有的电路分析结果可以得到上下 2 个截止频率，其带宽就是 2 个截止频率之差。

3. 直流扫描分析（DC Sweep）

直流扫描分析（DC Sweep）是利用一个或两个直流电源分析电路中某一节点上的直流工作点的数值变化的情况。注意：如果电路中有数字器件，可将其当作一个大的接地电阻处理。

执行“仿真（Simulate）/分析（Analyses）”菜单命令，在列出的可操作分析类型中选择直流扫描分析（DC Sweep），将弹出“直流扫描分析”对话框，如图 2-28 所示。分析参数选项卡中有源 1 与源 2 两个区，区中的各选项相同。如果需要指定第 2 个电源，则需要选择使用源 2 选项。

在源窗口，可以选择所要扫描的直流电源。在起始数值窗口设置开始扫描的数值。在终止数值窗口设置结束扫描的数值。在增量窗口设置扫描的增量值。对话框的右边有 1 个更改过滤，其功能与输出对话框中的 Filter Unselected Variables 按钮相同。

按“仿真”按钮，可以得到直流扫描分析仿真结果，如图 2-29 所示。

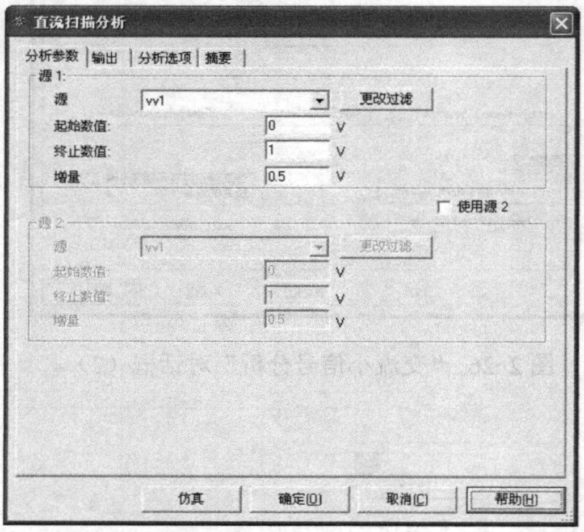

图 2-28 直流分析对话框

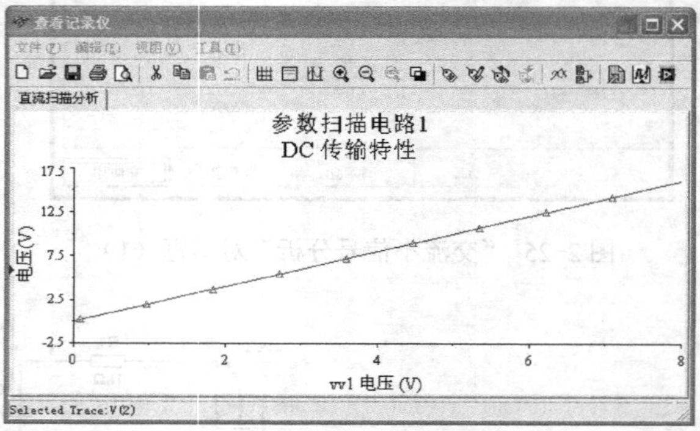

图 2-29 直流分析测试结果

4. 参数扫描分析（Parameter Sweep）

参数扫描分析是在用户指定每个参数变化值的情况下，对电路的特性进行分析。可以较快地获得某个元件的参数，在一定范围内变化时对电路的影响。相当于该元件每次取不同的值，进行多次仿真。对于数字器件，在进行参数扫描分析时将被视为高阻接地。

执行“仿真（Simulate）/分析（Analyses）”菜单命令，在列出的可操作分析类型中选择参数进行扫描分析，将弹出“参数扫描分析”对话框，如图 2-30 所示。分析参数选项中有扫描参数、指向扫描和更多选项。

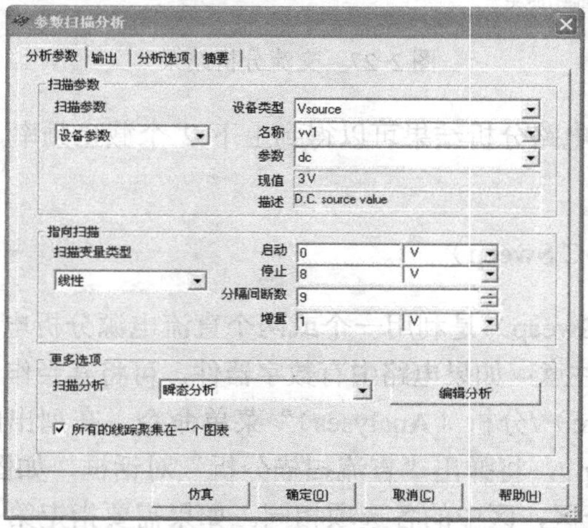

图 2-30 “参数扫描分析”对话框

（1）扫描参数。

在扫描参数中可以选择扫描的元件及参数。可选择的扫描参数类型有：设备参数或模型参数。选择不同的扫描参数类型之后，还将有不同的项目供进一步选择。

在设备类型中可以选择元件参数类型。选择设备参数后，该区的右边 5 个栏中将出现与器件参数有关的一些信息，还需进一步选择。在设备类型窗口选择所要扫描的元件种类，这里包括电路图中所用到的元件种类，如：Capacitor（电容器类）、Diode（二极管类）、Resistor（电阻类）和 Vsource（电压源类）等。在名称窗口可以选择要扫描的元件序号，例如若在设备类型栏内选择 Capacitor，则此处可选择电容。在参数窗口可以选择要扫描元件的参数。当然，不同元件有不同的参数，其含义在描述栏内说明。而现值栏则为目前该参数的设置值。

模型参数可以选择元件模型参数类型。选择模型参数后，该区右边同样出现需要进一步选择的 5 个栏。这 5 个栏中提供的选项，不仅与电路有关，而且与选择设备参数对应的选项有关，需要注意区别。

（2）指向扫描。

在扫描变量类型窗口中可以选择扫描变量类型：有十进位（十倍刻度扫描）、线性（线性刻度扫描）、倍频程（八倍刻度扫描）及指令列表（取列表值扫描）。

如果选择十进位（Decade）、倍频程（Octave）或线性（Linear）选项，则该区的左边将出现 4 个窗口。其中：在启动处可以输入开始扫描的值。在停止处可以输入结束扫描的值。在分割间断数中可以输入扫描的点数。在增量中可以输入扫描的增量。

如果选择指令列表选项，则其右边将出现数值列表 Value 栏，此时可在 Value 栏中输入所取的值。如果要输入多个不同的值，则在数字之间以空格、逗点或分号隔开。

（3）更多选项区。

在扫描分析窗口可以选择分析类型，有 4 种分析类型：直流工作点分析、交流分析、瞬态分析和嵌套扫描。在选定分析类型后，可单击“编辑分析”按钮对该项分析进行进一步编辑设置。选中“所有的线踪聚集在一个图表选项”复选框，可以将所有分析的曲线放置在同一个分析图中显示。

输出选项中选择要输出的节点电压或电流，单击“仿真”按钮，可以得到参数扫描分析仿真结果。

第3章　直流电路实验

3.1 电压源、电流源及电阻元件特性

任何一个二端元件的特性，可以用该元件两端的电压 u 与流过元件的电流 i 的关系来表征，其关系可用 u–i 平面上的曲线来描述，称之为元件的伏安特性曲线。

1．电压源的外特性

对于理想电压源，其端电压 $u_S(t)$是确定的时间函数，而与流过电源的电流大小无关。如果 $u_S(t)$不随时间变化（即为常数），则该电压源称为直流电压源 U_S，其外特性曲线如图 3-1（b）中曲线 a 所示。实际电压源可以用一个电压源 U_S 和电阻 R_S 相串联的电压源模型来表示，如图 3-1（a）所示，其外特性曲线如图 3-1（b）中曲线 b 所示。显然，R_S 越大，图中的θ角也越大，其正切的绝对值代表实际电压源的内阻值 R_S。

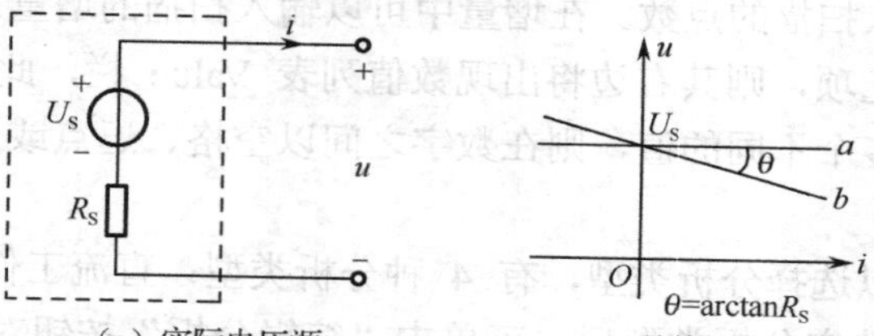

（a）实际电压源　　（b）外特性曲线

图 3-1　实际电压源及外特性曲线

2．电流源的外特性

对于理想电流源，向负载提供的电流 $i_S(t)$是确定的时间函数，与电源的端电压大小无关。如果 $i_S(t)$不随时间变化（即为常数），则该电流源称为直流电流源 I_S，其外特性曲线如图 3-2 中曲线 a 所示。实际电流源可以用一个电流源 I_S 和电导 G_S 相并联的电流源模型来表示，如图 3-2（a）所示，其外特性曲线如图 3-2（b）中曲线 b 所示。显然，G_S 越大，图 3-2 中的θ角也越大，其正切的绝对值代表实际电源的电导值 G_S。

3．电阻元件的伏安特性

（1）线性电阻元件的伏安特性，在 u–i 坐标平面上为一条通过原点的直线。

（2）对于非线性电阻元件，可以分为电流控制型、电压控制型和单调型三种类型，示例的特性曲线如图 3-3 所示。如白炽灯、半导体二极管为非线性电阻元件，其伏安特性为单调型的。

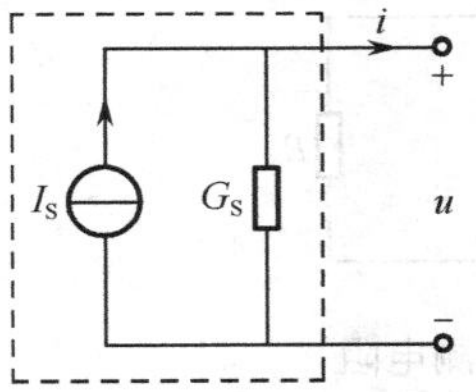

（a）实际电流源

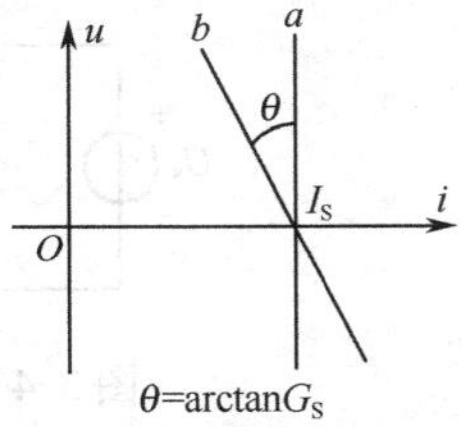

（b）外特性曲线

图 3-2 实际电流源及外特性曲线

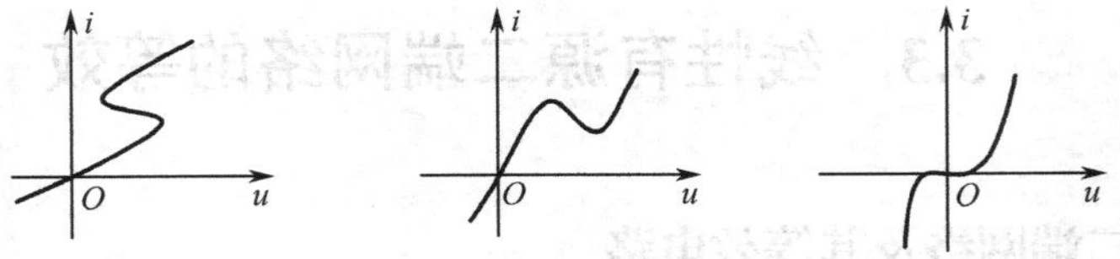

（a）电流控制型　（b）电压控制型　（c）单调型

图 3-3 非线性电阻元件外特性曲线

白炽灯在工作时灯丝处于高温状态。通过灯丝的电流越大，温度就越高，其灯丝电阻也越大。一般白炽灯的“冷电阻”与“热电阻”的阻值可相差几倍至十几倍。

对于半导体二极管，它具有单向导电性，正向压降很小（一般锗管为 0.2V～0.3V，硅管为 0.5V～0.7V），正向电流随正向电压的增加而急骤上升，而反向电压的增加时反向电流增加很小，可视为零。使用时应防止反向电压过高，超过管子的极限值，造成管子的击穿损坏。

用伏安法测定非线性电阻元件的伏安特性时，若是电压（或电流）控制型的，则要选取电压（或电流）作为自变量。

3.2 直流电阻的测量

直流电阻的测量在电工测量中占有重要的地位。通常，低于 1Ω的电阻称为低值电阻，高于 1MΩ的电阻称为高值电阻，1Ω～1MΩ的电阻称为中值电阻。由于测量电阻的方法很多，因此测量前需要根据被测电阻的阻值大小和对测量准确度的要求，选择合适的测量方法。

对于低值电阻的测量，主要方法有：微欧表法（包括适用于测量低值电阻的数字欧姆表）、伏安法和双电桥法等，其中以双电桥法使用最普遍。而高值电阻的测量方法很多，如伏安法、兆欧表法、替代比较法、电窗口充放电法等。在工程实践中，中值电阻使用较多，下面主要介绍中值电阻的测量。

（1）欧姆表（包括万用表欧姆挡）法是使用最方便的一种方法。一般欧姆表的测量准确度较低，可常用于对被测电阻阻值的估测，而数字式欧姆表的测量准确度高。

（2）伏安法测电阻，测量准确度不够高，必要时应对测量结果进行修正。由于具有测量条件与被测电阻的工作条件相一致特点，因此特别适合于阻值与电压（电流）有关的非线性电阻的测量。

（3）半偏法测电阻，如图 3-4 所示。调节标准电阻 R_N，使电流值为不接 R_N 时的一半，则有 $R_N=R_x+R_A$，即 $R_x=R_N-R_A$，R_A 为电流表的内阻。

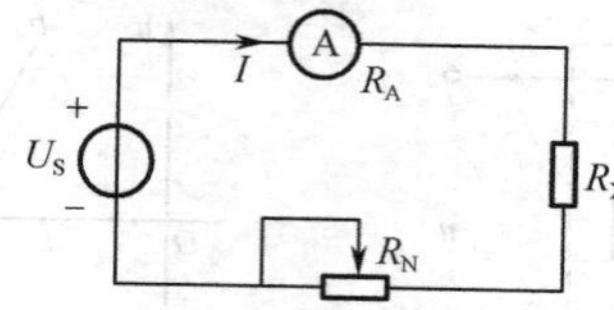

图 3-4　半偏法测电阻

另外，中值电阻的测量还可用替代法、单电桥法和电位差计法等。

3.3　线性有源二端网络的等效

3.3.1　线性有源二端网络及其等效电路

任何一个线性有源二端网络，对外部电路而言，总可以用一个实际电压源或实际电流源的电路模型来代替，如图 3-5 所示。

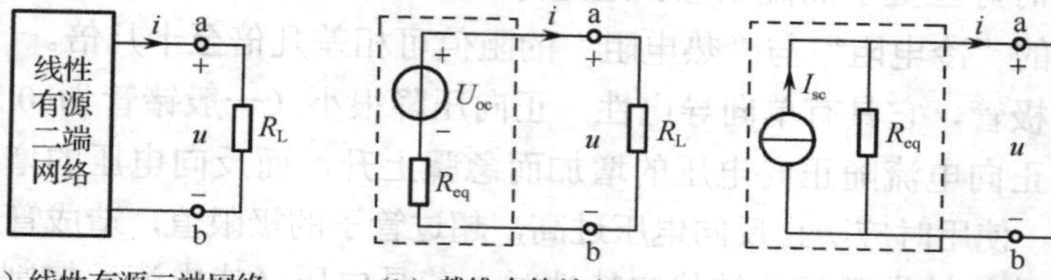

（a）线性有源二端网络　（b）戴维南等效电路　（c）诺顿等效电路

图 3-5　线性有源二端网络及等效图

戴维南定理指出，任何一个线性有源二端网络，对外部电路而言，总可以用一个电压源和电阻相串联的有源支路来代替，其电压源的电压等于原网络端口的开路电压 U_{oc}，其电阻等于原网络中所有独立电源为零值时（电压源短路，电流源开路）的入端等效电阻 R_{eq}。

诺顿定理指出，任何一个线性有源二端网络，对外部电路而言，总可以用一个电流源和电阻相并联的有源支路来代替，其电流源的电流等于原网络端口的短路电流 I_{sc}，其电阻等于原网络中所有独立电源为零值时的入端等效电阻 R_{eq}。

3.3.2　线性有源二端网络等效参数的测定

1．开路短路法

在线性有源二端网络的输出端开路时，用电压表直接测取开路电压 U_{oc}，然后将输出端用电流表直接短路测取短路电流 I_{sc}，如图 3-6 所示，则该线性有源二端网络的入端等效电阻

$$R_{eq} = \frac{U_{oc}}{I_{SC}} \tag{3-1}$$

对于线性有源二端网络的端口不允许直接开路或短路时，例如开路电压太高或短路电流太大，有可能损坏元器件时，则不能采用该方法进行测量。

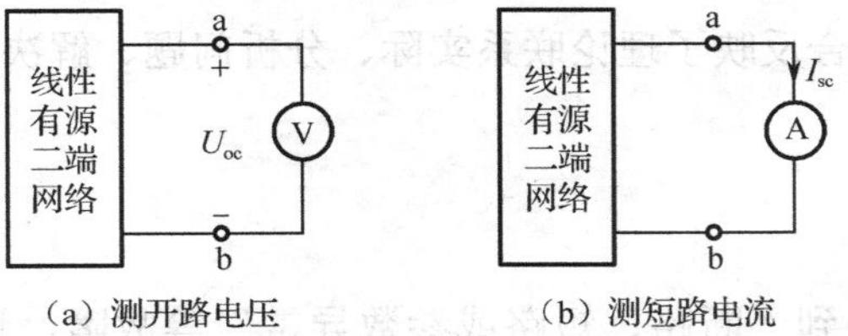

图 3-6　开路短路法测等效电阻

2．半偏法

测量线路如图 3-7 所示，半偏法分为半电压法和半电流法。先测出有源二端网络的开路电压 U_{oc}（或短路电流 I_{sc}），再按图接线，选用半电压法（或半电流法），在被测网络端口接一可变电阻 R_L，调节 R_L，使其端电压为开路电压 U_{oc} 的一半（或通过的电流为短路电流 I_{sc} 的一半），则此时 R_L 的数值就等于等效电阻 R_{eq} 的数值。

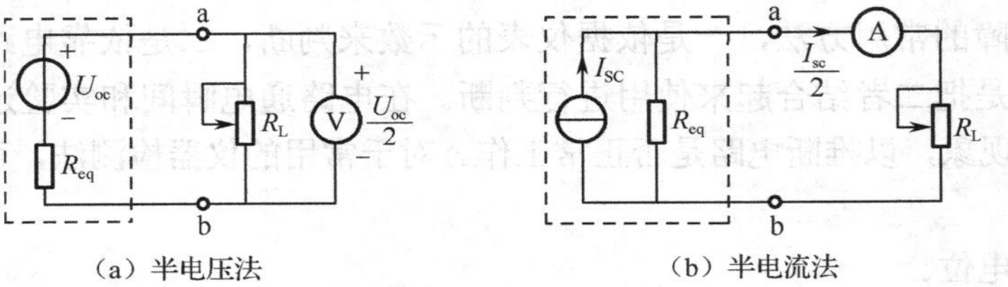

图 3-7　半偏法测等效电阻

3．组合测量法

如图 3-8 所示电路，可列端口方程

$$U = U_{oc} - R_{eq} I \tag{3-2}$$

分两次调节可变电阻 R_L，分别测取端口电压和电流的数值，代入式（3-2）中，再联立求解，即可求得 R_{eq}、U_{oc} 的数值。

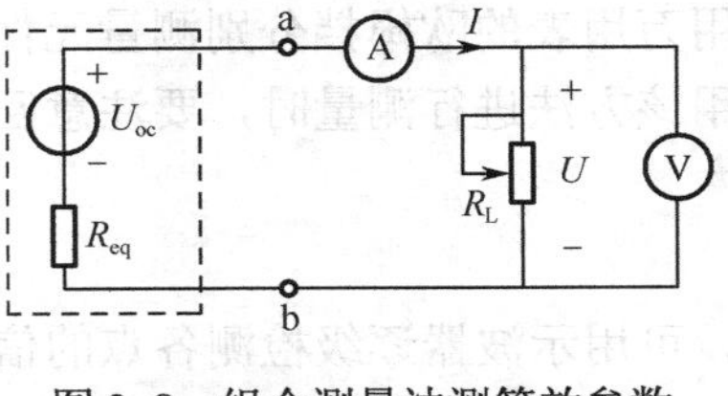

图 3-8　组合测量法测等效参数

3.4　故障检查的一般方法

学生在做实物实验，接线完成，经检查认为无误，通电后有时电路却不能正常工作，如仪表无指示等，这时就需要自行检查、排除故障。因此，电路故障分析、排除电路故障是电路实验基本技能之一，综合反映了理论联系实际、分析问题、解决问题的能力，是顺利完成电路实验的保证。

1．电路故障及特点

在电路实验中，常遇到“断路、短路或参数异常”等故障。这些故障通常是由导线断线、接触不良、线路接错、参数不符及元器件损坏等原因造成的。实验时一旦发现故障，应立即切断电源，通过检查、分析和正确判断后，查出故障原因并找出故障点，及时排除，使电路尽快恢复正常。

断路故障的本质是电路两点间的电阻无穷大，短路故障的本质是电路两点间的电阻趋于零。当电路中发生断路时，表现为该支路电压不为零而电流为零。当电路中发生短路时，表现为该支路有电流通过电路而电压为零。

2．检查电路故障的常用方法

检查电路故障的常用方法，一是依据仪表的示数来判断，二是依靠电路在发生故障时的现象来判断，三是把二者结合起来使用进行判断。在电路通电瞬间和实验过程中，应随时观察仪表和电路的现象，以推断电路是否正常工作。对于常用的仪器检测法，可以采用以下几种方法。

（1）测电压电位。

电路在带电的情况下，若不会继续扩大故障或造成人身、设备事故的，可以用电压表测量电路中某两点之间的电压，或有关点的电位，根据测量结果进行分析并找出故障的部位。

例如，某条支路假设只有一处断路，支路电流表无指示、灯不亮等，表明该支路无电流、可能有断路点。根据电路，依次逐点测电位，若某相邻两点的电位值不同，这两点之间的电压不为零，则该处可能为断路点。另外，也可用电压表逐个与该支路的元器件并联，若在某一元器件处突然有示数，则该处可能有断点。对于短路故障，比如用电压表与支路的元器件并联，当电压表的示数为零时，说明该处可能有短路故障。

（2）测电阻。

电路在不带电的情况下，用万用表的欧姆挡分别测量元件的阻值、导线和开关的通断情况，从而查出故障的部位。采用该方法进行测量时，要注意回路、并联支路对阻值的影响，最好能将回路、并联支路断开。

（3）测信号波形。

当电路中含有交流信号时，可用示波器逐级检测各点的信号波形，从中分析、判断故障的原因和元件。

3．电路故障的检查步骤

首先了解与故障有关部分电路的结构与特点，学生在预习时应进行必要的理论数值计算，对电路在正常工作下的电压、电流、电阻等量值做到心中有数。

电路故障的检查要从源头查起，首先要确定接入的电源是否正常，然后从直流电源的正极（或电源的一端）开始，依据电路，逐步按顺序检查接线，最后回到直流电源的负极（或电源的另一端），由此确定接线是否正确。另外，也可根据故障现象直接缩小范围，通过分析、判断、推测可能产生故障的原因、性质以及故障所在的区域，选择适当的方法进行检测，最后找出故障所在的具体位置（故障点）。

注意，在处理故障之前，应保持现场，切勿随意拆除或改动线路。

3.5　认识实验及直流电路的电位测量实验

一、实验目的

1．了解实验室的电源配置。
2．通过实验，进一步了解电路中电位的概念。
3．学会测量电路中的电位。
4．练习使用直流稳压稳流电源。
5．练习使用万用表、直流电压表和直流电流表。

二、实验设备

设备名称	型号规格	数量	备注
直流稳压稳流电源			
万用表			
直流数字电压表			
直流数字电流表			
直流电路实验板			
计算机、软件			

三、实验内容及步骤

1．了解本实验所用各种设备的型号、规格，学习实验设备填写方法。
2．由指导教师介绍实验桌上电源控制及仪表箱情况。
3．电源及万用表的使用
（1）万用表测量交流电压。
用万用表的交流电压挡测量三相电源的三个线电压及三个相电压，并记录于表 3-1 中。

表 3-1　三相电源电压的测量数据

	U_{AB}（V）	U_{BC}（V）	U_{CA}（V）	U_{AN}（V）	U_{BN}（V）	U_{CN}（V）
理论值	380	380	380	220	220	220
测量示值						
绝对误差ΔU						
相对误差$\gamma\%$						

（2）直流稳压电源使用及万用表测量直流电压。

直流稳压电源的使用，详见第 7 章。

用万用表的直流电压挡测量直流稳压电源的输出电压值。

注意万用表量程挡位的选择，数据记录于表 3-2 中。

表 3-2　直流稳压电源直流电压的测量数据

电源示值（V）				
测量示值（V）				
绝对误差ΔU（V）				
相对误差γ%				

（3）万用表测量电阻的阻值。

图 3-9 所示为直流电路实验电路图。不接线、不接电流表、不接电源 U_{S1} 和 U_{S2}，用万用表的欧姆挡（Ω）测量直流电路实验板的实际电阻值，与标称值比较，并记录于表 3-3 中。

注意：对于模拟（指针式）万用表，测量电阻时，转换挡位及每次测量前都必须先将表笔短接进行调零。

万用表使用完毕，将转换开关置于最高交流电压挡位或 OFF 挡位。

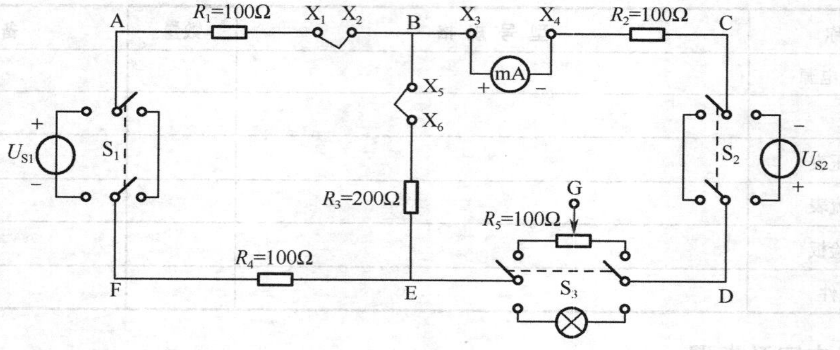

图 3-9　直流电路实验的电路图

表 3-3　电阻的测量数据

	R_1（Ω）	R_2（Ω）	R_3（Ω）	R_4（Ω）	R_5（Ω）
标称值					
测量挡位					
测量示值					
绝对误差ΔR					
相对误差γ%					

4．电位及电位差的测量

（1）按图 3-9 所示电路进行接线，注意电流表量程和极性的选择。将直流电路板上的开关 S_1、S_2 置于短路状态，S_3 置于接入电阻状态（向上拨）。电路中电源采用稳压电源中的 A 组和 B 组，分别调节电源输出电压，A 组为 U_{S1}=12V，B 组为 U_{S2}=15V，并用直流电压表测量，使其输出准确。

（2）将开关 S_1、S_2 置于电源输入端，读取电流值并记录于表 3-4 中。

（3）在电路中选定 E 为参考点，令其电位为 0，选择直流电压表的适当量程，“-”端测试棒接参考点，“+”端测试棒接被测点，测该点的电位值，注意电位的正、负值。依次分别测量表 3-4 中的各点电位。测量电位差 U_{AB}、U_{BE} 记录于表 3-4 中。

（4）在电路中选定 F 为参考点，重测各点电位及电位差，并记录于表 3-4 中。

（5）测等电位点：将电压表的测试棒接至 A 与 G 之间。旋转电位器，使直流电压表在最低挡位上的指示为零（注意量程切换），则 A 与 G 两点为等电位点。

（6）关闭稳压电源，将 A、G 两点用导线短接，再接通电源，注意电流表读数有无变化，并以 F 点为参考点，重测各点电位，记录于表 3-4 中。

表 3-4　电位及电位差的测量数据

<table>
<tr><th rowspan="2">参考点</th><th colspan="2">电流（mA）</th><th colspan="6">电位（V）</th></tr>
<tr><th colspan="2">I</th><th>V_A</th><th>V_B</th><th>V_C</th><th>V_D</th><th>V_E</th><th>V_F</th></tr>
<tr><td rowspan="3">E 点</td><td colspan="2"></td><td></td><td></td><td></td><td></td><td></td><td></td></tr>
<tr><td rowspan="2">电位差</td><td>测量</td><td colspan="3">$U_{AB}=$</td><td colspan="3">$U_{BE}=$</td></tr>
<tr><td>计算</td><td colspan="3">$U_{AB}=V_A-V_B=$</td><td colspan="3">$U_{BE}=V_B-V_E=$</td></tr>
<tr><td rowspan="3">F 点</td><td colspan="2"></td><td></td><td></td><td></td><td></td><td></td><td></td></tr>
<tr><td rowspan="2">电位差</td><td>测量</td><td colspan="3">$U_{AB}=$</td><td colspan="3">$U_{BE}=$</td></tr>
<tr><td>计算</td><td colspan="3">$U_{AB}=V_A-V_B=$</td><td colspan="3">$U_{BE}=V_B-V_E=$</td></tr>
<tr><td>（A、G 等电位后短接）F 点</td><td colspan="2"></td><td></td><td></td><td></td><td></td><td></td><td></td></tr>
</table>

四、仿真实验

1．用 Multisim 软件建立如图 3-10 所示的电路，其中 R5 是可调电阻（基础元件库 Basic/POTENTIOMETER），U2 是直流电流表（指示器件库 Indicators 的 AMMETER）。而电路图中的节点号“A”、“B”等符号，可以用双击导线来设置网络名（Preferred Net Name），并且勾选“Show net name”，节点符号即可显示出来，而参考点无法设置网络名。

2．测量电位值。在 Multisim 菜单项中选择“仿真（Simulate）/分析（Analyses）/直流工作点分析（DC Operating Point）”项，在“输出（Output）”项中添加（Add）所有电压变量（Circuit voltage），单击“仿真/运行”（Simulate/Run）按钮，就会显示出所有节点的电位，再根据电位值来计算出各元件上的电压值。当然，也可以接上电压表（指示器件库 Indicators 中的 VOLTMETER）或者万用表（仪器仪表库的 Multimeter），单击“仿真”按钮，测量相应的电位和电压值，具体方法见 2.2 节。

3．单击“仿真”按钮，图中的电流表就会显示出电流的大小，注意设置电流表模式为 DC。

4．按实验内容要求完成其他的数据测量。

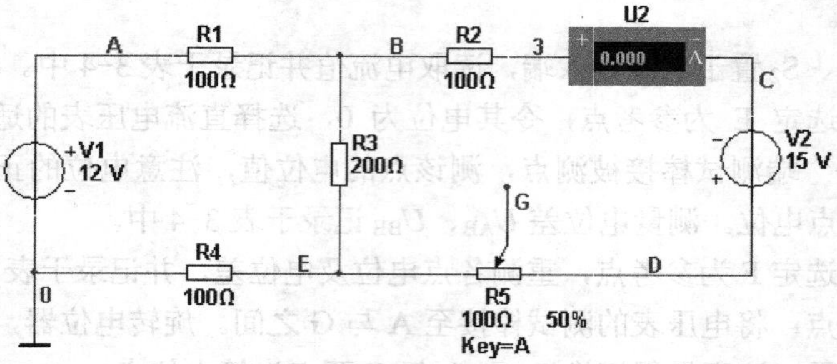

图 3-10　电位及电位差测量仿真实验图

五、实验注意事项

1．所有需要测量的电压、电位值，均以电压表测量的读数为准。
2．防止电源两端碰线，造成电源短路。

六、预习要求

1．复习相关的电路知识。
2．认真阅读第 1 章的全部内容，阅读第 7 章中的有关内容。

七、总结要求

1．按要求编写实验报告。
2．小结如何正确选择仪表的测量量程。
3．用数据说明电位的相对性。
4．用数据说明电位差的绝对性。

3.6　基尔霍夫定律的研究实验

一、实验目的

1．验证基尔霍夫定律，加深对基尔霍夫定律的理解。
2．学会用电流插头、插座测量各支路电流的方法。
3．进一步掌握电路接线，提高分析、检查电路简单故障的能力。

二、实验设备

设 备 名 称	型 号 规 格	数量	备　注
直流稳压电源			
直流数字电压表			
直流数字电流表			

续表

设 备 名 称	型 号 规 格	数量	备　注
电流插座			
电流插头			
电路实验元件箱			
计算机、软件			

三、实验内容及步骤

1．按图 3-11 所示方式接线，其中 X_1～X_6 接 3 个电流插座，注意电流表量程和极性的选择。注意电流插座的红黑接线柱与电路中电流方向的对应关系，注意电流插头的红黑接线插头与直流电流表“+”、“-”接线柱的对应关系，要保证直流电流由直流电流表的正极端流入。

2．用电路实验元件箱按图 3-11 所示方式接线。电源采用直流稳压电源中的 A 组和 B 组，分别调节电源输出电压，使 U_{S1}=10V，U_{S2}=12V，并用直流电压表测量，使其输出准确。电路中电阻 R_3 采用可调电阻，取值 R_3=100+40×学号的最后两位（Ω）=________（Ω）。

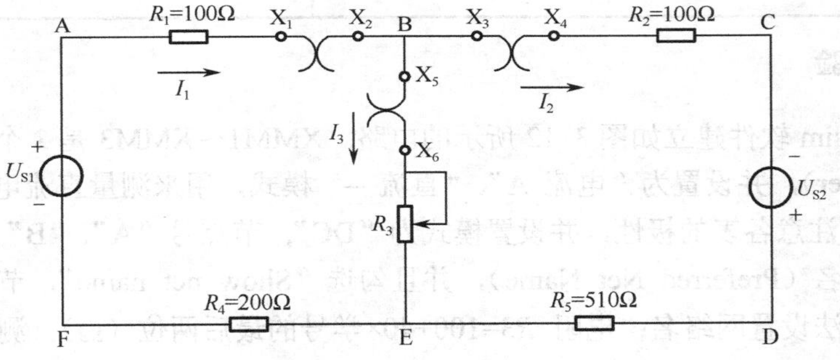

图 3-11　基尔霍夫定律实验线路

3．测量支路电流验证基尔霍夫电流定律（KCL）

将已接好电流表的电流插头分别插入三个电流插座中，读取各支路电流值。根据图 3-11 中的电流参考方向，测量时要识别电流插头所接电流表的“+、-”极性，确定各支路电流的正、负号，测量数据记入表 3-5 中。

表 3-5　验证基尔霍夫电流定律的测量数据

支路电流	I_1（mA）	I_2（mA）	I_3（mA）	ΣI（代数和）（mA）
理论计算值				
测量值				
相对误差				

4．测量支路电压并验证基尔霍夫电压定律（KVL）

根据图 3-11 电路，取两个验证回路：回路 1 为 ABEFA，回路 2 为 BCDEB。用直流电压表分别测量两个回路中各支路的电压，将测量结果记录于表 3-6 中。可选顺时针方向为回路绕行方向，测量过程注意数值的正与负，注意直流电压表量程的更换。

表 3-6　验证基尔霍夫电压定律的测量数据(1)

	U_{AB}（V）	U_{BE}（V）	U_{EF}（V）	U_{FA}（V）	回路 1ΣU（V）	U_{BC}（V）	U_{CD}（V）	U_{DE}（V）	U_{EB}（V）	回路 2ΣU（V）
理论计算值										
测量值										
相对误差										

5. 列出求解电压 U_{FB} 和 U_{DB} 的电压方程，并根据表 3-6 测量数据计算出它们的数值；测量 U_{FB} 和 U_{DB} 电压并与求出的数值进行比较分析，数据记录于表 3-7 中。

表 3-7　验证基尔霍夫电压定律的测量数据（2）

待测量	U_{FB}	U_{DB}
电压方程		
直接测量值（V）		
测量计算值（V）		
相对误差		

四、仿真实验

1. 用 Multisim 软件建立如图 3-12 所示的电路。XMM1～XMM3 是 3 个万用表（仪器仪表库的 Multimeter），并设置为“电流 A”、“直流—”模式，用来测量直流电流值；U4～U10 是 7 个电压表，注意各表的极性，并设置模式为“DC”；节点号“A”、“B”等，可以用双击导线来设置网络名（Preferred Net Name），并且勾选“Show net name”，节点号即可显示出来，而参考点无法设置网络名；电阻 $R3$=100+40×学号的最后两位（Ω）。测量仪表较多，可先添加电路元件而后再添加测量仪表。

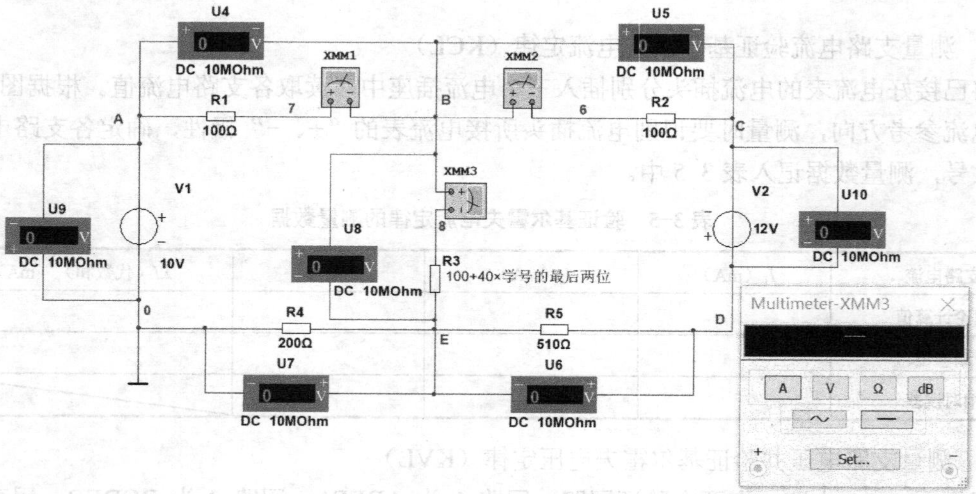

图 3-12　基尔霍夫定律的仿真研究

2. 开启仿真，双击图中的万用表就会显示出各支路电流值。如果电压表显示的数值没有

3 位有效数字，则该表数值不准确，需要更换为万用表并设置为“电压 V”、“直流-”模式。

3．按实验内容要求完成其他数据测量。

五、预习与思考

1．根据图 3-11 所示的电路参数，计算出待测的电流、电压值，记入表 3-5～3-7 中，以便实验测量时，可正确地选定电流表和电压表的量程。

2．在图 3-11 的电路中，B、E 两节点的电流方程是否相同？为什么？

3．在图 3-11 的电路中可以列几个独立电压方程？它们与绕行方向有无关系？

六、总结要求

1．回答思考题。

2．根据实验测量数据，选定实验电路中的任一个节点，验证基尔霍夫电流定律（KCL）的正确性。

3．根据实验测量数据，选定实验电路中的任一个闭合回路，验证基尔霍夫电压定律（KVL）的正确性。

3.7　叠加定理的研究实验

一、实验目的

1．验证叠加定理及其适用范围。

2．加深对线性电路的叠加性和齐次性的认识和理解。

二、实验设备

设备名称	型号规格	数量	备注
直流稳压电源			
直流电压表			
直流电流表			
电流插座			
电流插头			
电路实验元件箱			
计算机、软件			

三、实验内容及步骤

1．用电路实验元件箱按图 3-13 接线，其中 X_1～X_6 接 3 个电流插座。注意电流插座的红黑接线柱与电路中电流方向的对应关系，注意电流插头的红黑接线插头与直流电流表

“+”、“-”接线柱的对应关系，要保证直流电流由直流电流表的正极端流入。

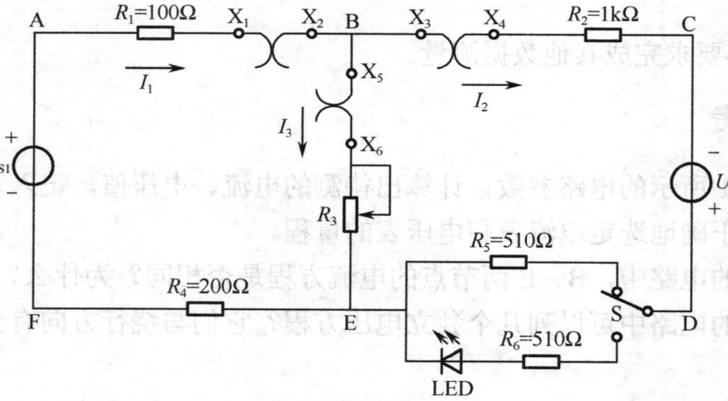

图 3-13　验证叠加定理的实验线路

2．电源采用直流稳压电源中的 A 组和 B 组，分别调节电源输出电压，使 U_{S1}=10V，U_{S2}=12V，并用直流电压表测量，使其输出准确。非线性元件采用发光二极管 LED。

电路中电阻 R_3 采用可调电阻，取值 R_3=100+40×学号的最后两位（Ω）=________（Ω）。

3．验证线性电路的叠加性（开关 S 投向电阻）

（1）U_{S1} 电源独立作用时，断开 U_{S2}，用导线将 C、D 两点短路。测量支路电流、电压，并将测量结果记录于表 3-8 中。测量中注意电流和电压方向。

（2）U_{S2} 电源独立作用时，断开 U_{S1}，用导线将 A、F 两点短路。再测量，并将测量结果记录于表 3-8 中。测量中注意电流和电压方向。

（3）U_{S1} 和 U_{S2} 电源同时作用时，再测量，并将测量结果记录于表 3-8 中。

表 3-8　线性电路叠加性的测量数据

测量项目 / 实验内容	U_{S1}（V）	U_{S2}（V）	I_2（mA）	I_3（mA）	U_{BE}（V）	U_{DE}（V）
U_{S1} 单独作用	10	0				
U_{S2} 单独作用	0	12				
叠加代数和						
U_{S1}，U_{S2} 共同作用	10	12				

4．验证线性电路的齐次性（开关 S 投向电阻）

将 U_{S1} 的数值调至 12V,、U_{S2} 的数值调至 14.4V，重复第（3）步的操作，重新测量，并将数据记录在表 3-9 中。

表 3-9　线性电路齐次性的测量数据

测量项目 / 实验内容	U_{S1}（V）	U_{S2}（V）	I_2（mA）	I_3（mA）	U_{BE}（V）	U_{DE}（V）
1.2U_{S1} 单独作用	12	0				
1.2U_{S2} 单独作用	0	14.4				
1.2U_{S1}，1.2U_{S2} 共同作用	12	14.4				

5．验证非线性电路不满足叠加性（开关 S 投向发光二极管）

电路接入非线性元件（发光二极管），重复第（3）步的操作，重新测量，将数据记录于表 3-10 中。注意：发光二极管的电流不超过 10mA。

表 3-10 非线性电路的测量数据

测量项目 / 实验内容	U_{S1}（V）	U_{S2}（V）	I_2（mA）	I_3（mA）	U_{BE}（V）	U_{DE}（V）
U_{S1} 单独作用	10	0				
U_{S2} 单独作用	0	12				
叠加代数和						
U_{S1}，U_{S2} 共同作用	10	12				

四、实验注意事项

1．用电流插头测量各支路电流时，应注意仪表的极性，及数据表格中“+、-”号的记录。

2．注意仪表量程的及时更换。

3．电压源单独作用时，另一个电压源置零、不作用时，不能直接将电压源短路。

五、仿真实验

1．用 Multisim 软件建立如图 3-14 所示的电路，XMM1～XMM3 是 3 个万用表（仪器仪表库 Multimeter），并设置为“电流 A”、“直流—”模式，用来测量直流电流值；U1、U2 是 2 个电压表，注意各表的极性，并设置模式为“DC”；S1 是单刀双掷开关（基本器件库 Basic/SWITCH 系列的 SPDT），可以按空格“Space”键来切换开关位置；LED1 是红色发光二极管（二极管库 Diodes/LED 系列的 LED_red）；节点号“A”、“B”等，可以用双击导线来设置网络名（Preferred Net Name），并且勾选“Show net name”，节点号即可显示出来，而参考点无法设置网络名；电阻 $R3$=100+40×学号的最后两位（Ω）。测量仪表较多，可先添加电路元件而后再添加测量仪表。

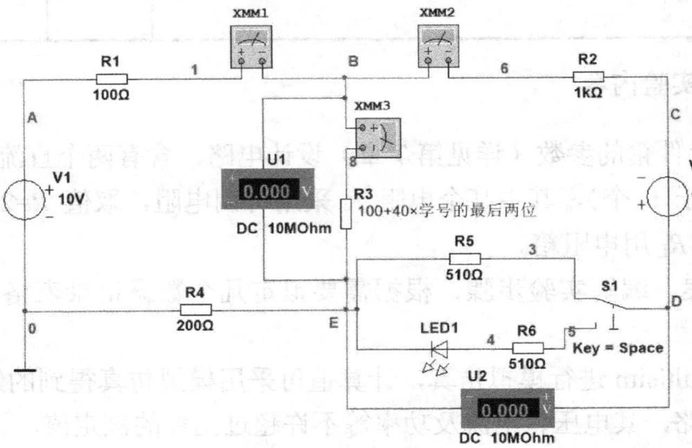

图 3-14 叠加定理的仿真研究

2. 开启仿真，双击图中的万用表就会显示出各支路电流值。如果电压表显示的数值没有3位有效数字，则该表数值不准确，需要更换为万用表并设置为“电压V”、“直流-”模式。

3. 按实验内容要求完成其他数据测量。

六、预习要求

复习叠加定理。预算数据表格中各待测数值，并考虑电流值为负值时应如何测量。

七、总结报告

1. 按实验报告的格式及内容编写，数据分析中应含有理论计算值（除非线性电路）。

2. 用实测数据，验证线性电路的叠加性、齐次性、电阻元件消耗的功率不能叠加、非线性电路不满足叠加性等。

3.8 戴维南定理及负载获得最大功率条件的研究实验

一、实验目的

1. 设计实验。验证戴维南定理及负载获得最大功率的条件。

2. 掌握有源二端网络的等效参数的测定方法。

二、实验设备

设备名称	型号规格	数量	备注
直流稳压电源			
直流电压表			
直流电流表			
电阻箱			
电路实验元件箱			
计算机、软件			

三、设计要求及实验内容

1. 用电路实验元件箱的参数（详见第7章）设计电路，含有两个直流电压源，电路不能太简单（元件数不少于 6 个），其中某个电阻 R 采用可调电阻，取值 R=200+40×学号的最后两位（Ω）。负载电阻 R_L 用电阻箱。

2. 设计实验方案，编写实验步骤，根据需要拟定几个数据记录表格（分计算值和测量值）。

设计过程采用 Multisim 进行模拟仿真，计算值可采用模拟仿真得到的结果。

注意，设计的电路，其电压、电流及功率等不许超过元件的额定值。

3．进行实物实验测量。

（1）根据实验设计方案，测量有源二端网络的等效电路的参数。

（2）测量有源二端网络的外特性 $U=f(I)$，验证负载获得最大功率的条件。

（3）利用测得的等效电路参数 U_{OC} 和 R_{eq}，构成有源二端网络的戴维南等效电路，如图 3-15 所示，测定戴维南等效电路的外特性。

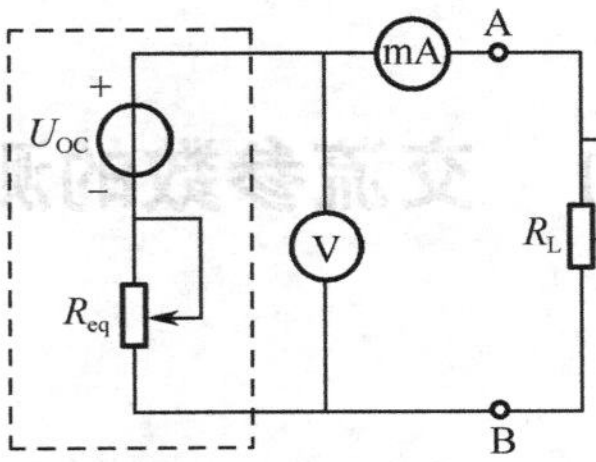

图 3-15　戴维南等效电路的实验线路

四、总结报告

1．按实验报告的格式及内容编写，数据分析中应含有设计过程（仿真电路图、U_{OC} 和 R_{eq} 的测算、元件功率核算、外特性曲线 $U=f(I)$ 等）。

2．用实测数据，在坐标纸的同一坐标平面上绘出有源二端网络和其戴维南等效电路的外特性曲线 $U=f(I)$，并加以分析比较，验证戴维南定理的正确性。

3．绘出输出功率 P 与 R_L 之间的关系曲线 $P=f(R_L)$，证明负载获得最大功率的条件。阻抗匹配时，电源发出的功率有多少传给负载？

4．说明戴维南定理和诺顿定理的应用场合。

第4章　交流稳态电路实验

4.1　交流参数的测定

1. 阻抗性质的判断

交流电路中被测元件的阻抗属于容性还是感性，一般可以用下列方法加以确定。

（1）在被测元件的两端并接一只适当容量的电容器。由图 4-1（b）可知，如果被测元件为感性的，并接适当容量的电容器后，电路电流由$\dot{I}_1$变为$\dot{I}$，则电流表的读数减小。由图 4-1（c）可知，如果被测元件为容性的，并接适当容量的电容器后，电路电流由$\dot{I}_1$变为$\dot{I}$，则电流表的读数增大。

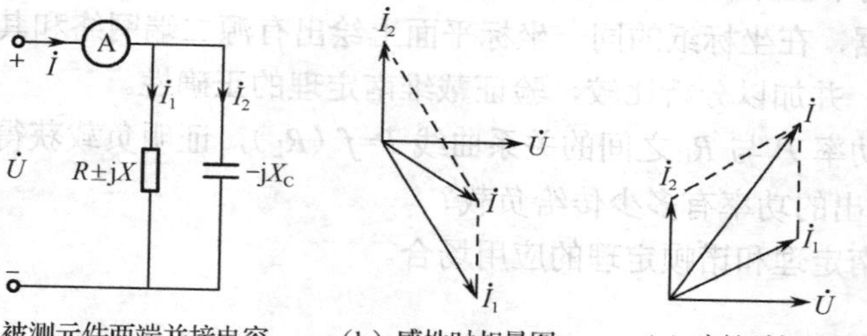

（a）被测元件两端并接电容　（b）感性时相量图　（c）容性时相量图

图 4-1　被测元件两端并接电容判断阻抗性质

（2）在被测元件中串联一只适当容量的电容器。由图 4-2 可知，当外加电压一定时，电路中的电流有效值为

$$I=\frac{U}{|Z|}=\frac{U}{\sqrt{R^2+(\pm X-X_C)^2}} \tag{4-1}$$

串联适当容量的电容器后，如果被测元件为感性的，式（4-1）中取（$+X-X_C$）进行计算，电路的阻抗值减小，则电流表的读数增大。如果被测元件为容性的，式（4-1）中取（$-X-X_C$）进行计算，电路的阻抗值增大，则电流表的读数减小。

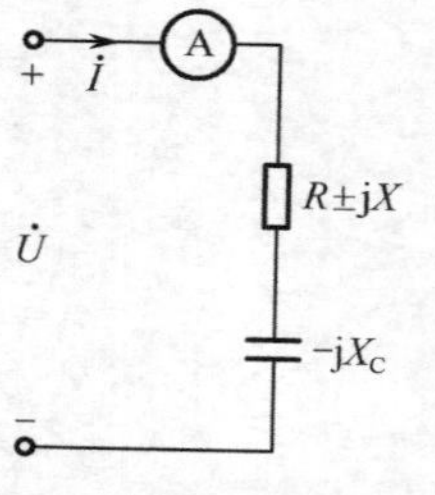

图 4-2　被测元件串联电容判断阻抗性质

（3）利用示波器观察被测元件的电流及端电压之间的相位关系。若电流滞后电压为感性，电流超前电压为容性。

（4）电路中接入功率因数表或数字式相位仪，从表上直接读出被测元件的功率因数 $\cos\varphi$ 值或阻抗角，读数滞后为感性，读数超前为容性。

2. 三表法测定交流参数

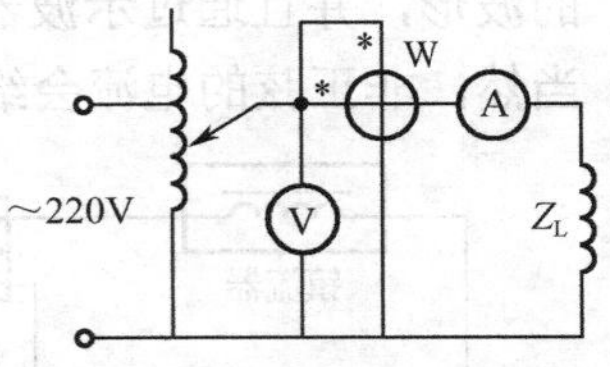

图 4-3　三表法测量线路

在交流电路中，我们通常要进行交流电量、电参数的测量。所谓电参数，是指元件本身特性，例如：*R*、*L*、*C*、*M*（互感）等。所谓电量，表征的是回路特性，我们使用最多的电量有电压、电流、功率等。

交流参数测量的方法很多，这里介绍三表法。三表法即用电压表、电流表、功率表测量元件参数的方法。实验线路如图 4-3 所示，交流电源通过自耦调压器进行调压，电压表监测被测元件电压 *U*，电流表监测元件电流 *I*，功率表测量元件消耗的有功功率 *P*，则有计算式

回路的功率因数
$$\cos\varphi = \frac{P}{UI} \tag{4-2}$$

阻抗的模
$$|Z| = \frac{U}{I} \tag{4-3}$$

等效电阻
$$R = \frac{P}{I^2} = |Z|\cos\varphi \tag{4-4}$$

等效电抗
$$X = \sqrt{|Z|^2 - R^2} = |Z|\sin\varphi \tag{4-5}$$

使用三表法时，注意三个仪表的应用必须正确，电压表、电流表、功率表所测量的必须是被测元件的电压、电流和功率。

4.2　功率因数的提高

1. 提高功率因数的意义和方法

在工程实际中，一般感性负载很多，如电动机、变压器等，其功率因数较低。当负载的端电压一定时，功率因数越低，输电线路上的电流越大，导线上的压降也越大，由此导致电能损耗增加，传输效率降低，发电设备的容量得不到充分的利用。从经济效益来说，这也是一个损失。因此，应该设法提高负载端的功率因数。通常是在负载端并联电容器，这样以通过流过电容器中的容性电流补偿原负载中的感性电流，显然此时负载消耗的有功功率不变，但是随着负载端功率因数的提高，输电线路上的总电流减小，线路压降减小，线路损耗降低，因此提高了电源设备的利用率和传输效率。

2. 日光灯电路的功率因数提高

日光灯是很常用的一种照明电器，其构件之一的镇流器有普通镇流器和电子镇流器之分。采用电子镇流器的日光灯电路，其功率因数 $\cos\varphi \geqslant 0.9$，较高；而采用普通镇流器的日光灯电路，其功率因数 $\cos\varphi \leqslant 0.5$，较低。普通镇流器是一个带有铁心的电感线圈，含镇流器的日光灯负载是感性负载，如图 4-4 所示，因此可以用功率因数表直接测量日光灯电路的功率因数，同时观察在日光灯电路两端并联上不同值的电容时，线路电流及负载端功率因数的变化情况。

由于镇流器的存在，日光灯电路中的电流波形是非正弦的，我们可以用示波器来观察它

的波形，并且通过示波器与计算机之间的通信软件（例如 WaveStar）来对它进行频谱分析。当然，非正弦的电流会给实验结果带来误差。

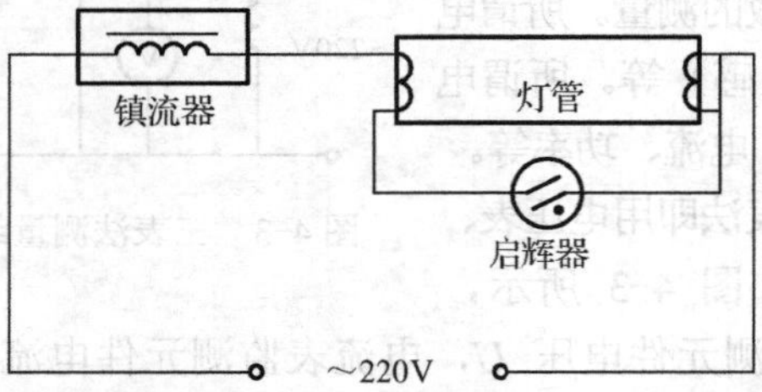

图 4-4　日光灯电路

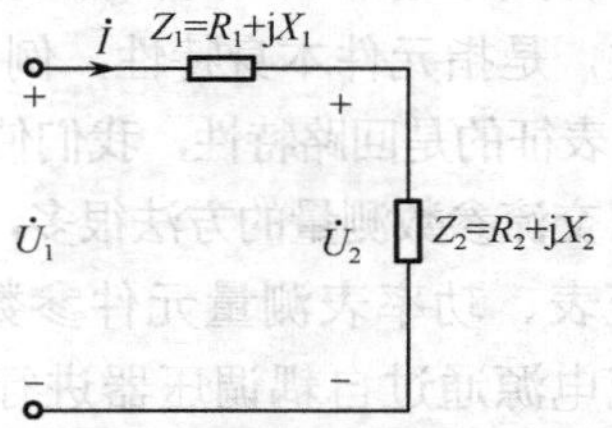

图 4-5　供电线路等效电路图

3．供电线路的等效测量

图 4-5 是供电线路的等效电路图，发电机或变压器把电能经输电线传送给负载。在工业频率下，传输距离不长、电压不高时，线路阻抗 Z_1 可以看成是电阻 R_1 和感抗 X_1 相串联的结果。若输电线的始端（供电端）电压为 U_1，终端（负载端）电压为 U_2，负载阻抗和负载功率分别 Z_2（$=R_2+jX_2$）和 P_2，负载端功率因数为 $\cos\varphi$，则线路上的电流为

$$I=\frac{P_2}{U_2\cos\varphi_2} \tag{4-6}$$

线路上的电压降为

$$\Delta U=I\left|Z_1\right|=I\sqrt{R_1^{\ 2}+X_1^{\ 2}} \tag{4-7}$$

输电效率为

$$\eta=\frac{P_2}{P_1}=\frac{P_2}{P_2+\Delta P}=\frac{P_2}{P_2+I^2R_1} \tag{4-8}$$

式中，P_1 为输电线始端测得的功率，ΔP 为线路上的损耗功率。

实验时，可以用一个具有较小阻抗值的元件模拟输电线路阻抗 Z_1，用感性元件模拟负载阻抗 Z_2，研究在负载端并联电容器改变负载端功率因数时，输电线路上电压降和功率损耗情况，以及对输电线路传输效率的影响。

负载的功率因数可以用三表法测 U、I、P 以后，再按公式 $\cos\varphi=\dfrac{P}{UI}$ 计算，也可以直接用功率因数表或相位表测出。

4.3　交流电路中的互感

1．磁耦合线圈的同名端及判别方法

（1）磁耦合线圈的同名端。

图 4-6（a）为两个有磁耦合的线圈，电流 i_1 从 1 号线圈的 a 端流入产生磁通链 ψ_{11}，其中磁通链 ψ_{21} 与 2 号线圈交链，电流 i_2 从 2 号线圈的 c 端流入产生磁通链为 ψ_{22}。当 ψ_{21} 与

ψ_{22}方向一致、相助时，则端钮 a 和端钮 c（或 b 和 d）为同名端，若 ψ_{21}与 ψ_{22}方向不一致、削弱时，如图 4-6（b）所示，则端钮 a、c 称为异名端（即 a、d 或 b、c 为同名端）。同名端常用符号“·”或“*”表示。

同名端决定于两个线圈各自的实际绕向，以及它们之间的相对位置。

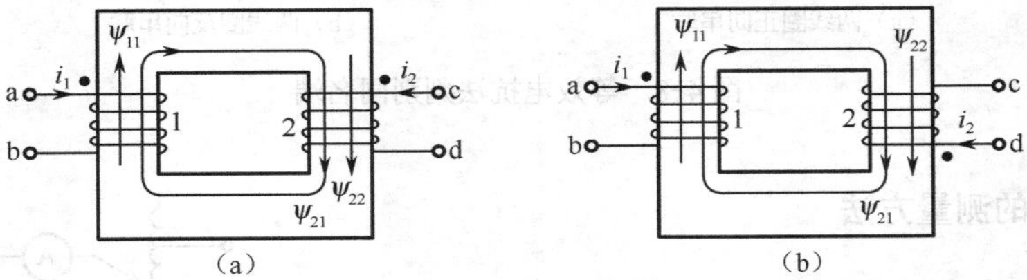

图 4-6　耦合线圈的同名端

（2）同名端的实验判别。

判别耦合线圈的同名端在理论分析和工程实际中都具有很重要的意义。例如，变压器、电动机的各相绕组、LC 振荡电路中的振荡线圈等都要根据同名端的极性进行连接。实际中，对于具有耦合关系的线圈，若其绕向和相互位置无法判别时，可以根据同名端的定义，用实验方法加以确定。

下面介绍几种常用的判别方法。

① 直流法判别同名端。如图 4-7 所示，把线圈 1 通过开关 S 接到直流电源 U_S，将一个直流电压表或直流电流表接在线圈 2 的两端。在开关 S 闭合瞬间，线圈 2 的两端将产生一个互感电压，电表的指针就会偏转。根据“同名端有同极性”，若指针正向摆动，则与直流电源正极相连的端钮 a 和与电表正极相连的端钮 c 为同名端；若指针反向摆动，则 a、c 为异名端。

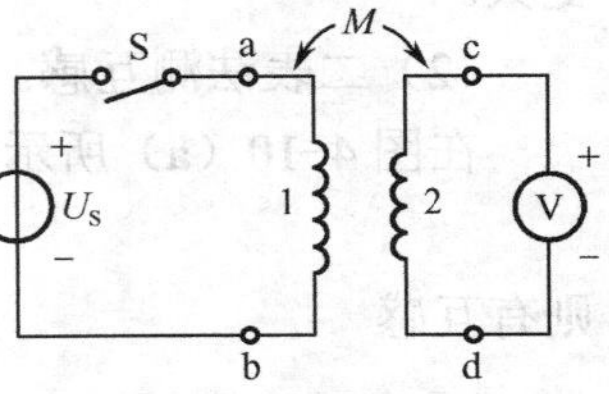

图 4-7　直流法判别同名端

② 等效电抗法判别同名端。设两个耦合线圈的自感分别为 L_1 和 L_2，它们之间的互感为 M。若将两个线圈的非同名端相联，如图 4-8（a）所示，则称为正向串联，等效电感为

$$L_S=L_1+L_2+2M \tag{4-9}$$

若将两个线圈的同名端相联，如图 4-8（b）所示，则称为反向串联，其等效电感为

$$L_F=L_1+L_2-2M \tag{4-10}$$

显然，等效电感 $L_S>L_F$，对应的等效电抗 $X_S>X_F$。

利用这种关系，在两个线圈串接方式不同时，加上相同的正弦电压，则正向串联的电流小，反向串联时电流大。同样，若流过相同的电流，则正向串联时端口电压高，反向串联时端口电压低。据此，即可判断出两线圈的同名端。

③ 交流法判别同名端。如图 4-9 所示，将两线圈的任意两端（如 b、d 端）连在一起，在其中一个线圈两端（如 a、b 端）加低压交流电源，控制线圈中的电流不超过额定电流，用交流电压表分别测量电压 U_{ab}、U_{cd} 和 U_{ac}。若测量值满足 $U_{ac}=U_{ab}-U_{cd}$，则 a、c 端钮为同名端；若测量值满足 $U_{ac}=U_{ab}+U_{cd}$，则 a、c 端钮为异名端。

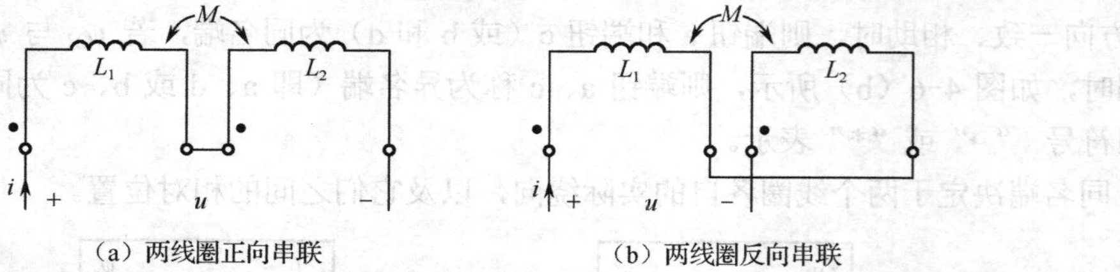

图 4-8　等效电抗法判别同名端

2．互感 *M* 的测量方法

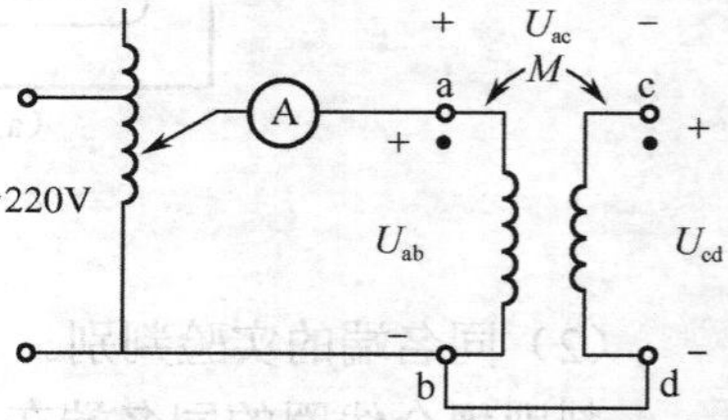

图 4-9　交流法判别同名端

互感 M 有多种的测量方法，如下所述。

（1）三表法测互感。

综合图（4-3）和图（4-8），用三表法测出两个耦合线圈正向串联和反向串联时的等效电感 L_S 和 L_F，则互感

$$M=\frac{L_S-L_F}{4} \tag{4-11}$$

这种方法测得的互感一般来说准确度不高，特别是当 L_S 和 L_F 的数值比较接近时，误差更大。

（2）二表法测互感。

在图 4-10（a）所示电路中，若电压表内阻足够大，则有互感电压

$$U_2 \approx \omega M_{21} I_1 \tag{4-12}$$

则有互感

$$M_{21} \approx \frac{U_2}{\omega I_1} \tag{4-13}$$

同样，在图 4-10（b）所示电路中，有：

$$M_{12} \approx \frac{U_1}{\omega I_2} \tag{4-14}$$

可以证明，$M_{12}=M_{21}=M$。

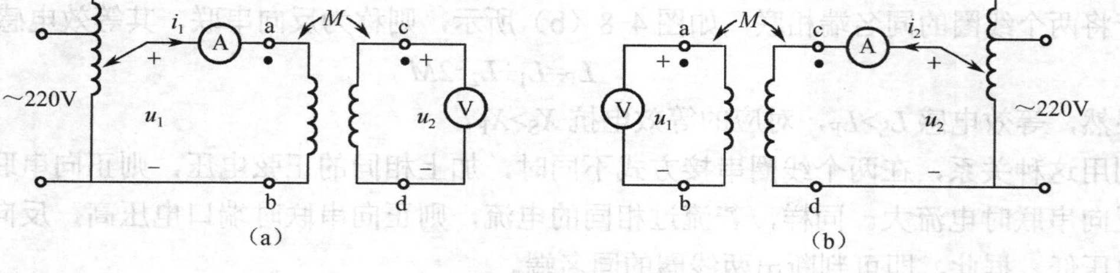

图 4-10　二表法测互感

3．耦合因数 *k* 的测量

两个磁耦合线圈的耦合因数 k 的大小与线圈的结构、两线圈的相互位置以及周围磁介质有关。互感 M 测得以后，耦合因数 k 可由式（4-15）计算

$$k=\frac{M}{\sqrt{L_1L_2}} \tag{4-15}$$

其中 L_1、L_2 可用三表法测出。

4.4　谐振电路

1. RLC 串联谐振电路

（1）RLC 串联电路的谐振频率。

图 4-11 为线性电阻、电感、电容组成的 RLC 串联电路，电路阻抗为

$$Z = R + \mathrm{j}\left(\omega L - \frac{1}{\omega C}\right) = |Z|\angle\varphi$$

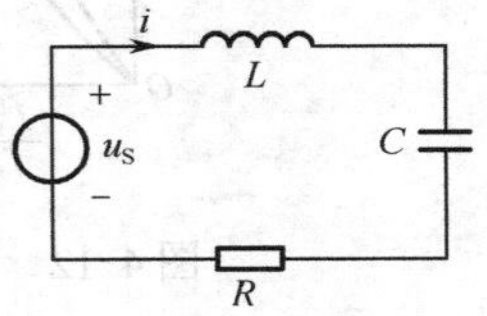

图 4-11　RLC 串联电路

当 $\omega L - \dfrac{1}{\omega C} = 0$ 时，电路处于串联谐振状态，谐振角频率为

$$\omega_0 = \frac{1}{\sqrt{LC}} \tag{4-16}$$

谐振频率为

$$f_0=\frac{1}{2\pi\sqrt{LC}} \tag{4-17}$$

显然，谐振频率仅与元件 L、C 的数值有关，而与电阻 R 和激励电源的角频率 ω 无关。当 $\omega<\omega_0$ 时，电路呈容性，阻抗角 $\varphi<0$；当 $\omega>\omega_0$ 时，电路呈感性，阻抗角 $\varphi>0$ 。

如果要使电路发生串联谐振，可改变 L 或 C 或 f 的值来实现，当电路达到谐振时电路中的电流最大。实验中测定谐振频率时，如果采用改变电源频率 f，可寻找电流最大时的电源频率，即为谐振频率 f_0，此时电流为谐振电流 I_0。

（2）RLC 串联电路的频率特性。

频率特性包含幅频特性和相频特性。图 4-11 电路中的电流有效值为

$$I(\omega) = \frac{U_S}{\sqrt{R^2+\left(\omega L-\dfrac{1}{\omega C}\right)^2}} = \frac{U_S}{R\sqrt{1+Q^2\left(\dfrac{f}{f_0}-\dfrac{f_0}{f}\right)^2}} \tag{4-18}$$

谐振时的电流为 $I_0=\dfrac{U_S}{R}$，则有

$$\frac{I}{I_0}=\frac{1}{\sqrt{1+Q^2\left(\dfrac{f}{f_0}-\dfrac{f_0}{f}\right)^2}} \tag{4-19}$$

当电路的 L 和 C 保持不变时，改变 R 的大小，可以得出不同 Q 值时电流的幅频特性曲线，如图 4-12 所示。显然，Q 值越高，曲线越尖锐，在一定的频率偏移下，电流比下降得越多。

为了衡量谐振电路对不同频率的选择能力，定义幅频特性中幅值下降至峰值的 0.707 倍时的频率范围（见图 4-12）为通频带 BW，即

$$BW = f_2 - f_1 = \frac{f_0}{Q} \tag{4-20}$$

显然，Q 值越高则通频带 BW 越窄，电路的选择性越好。

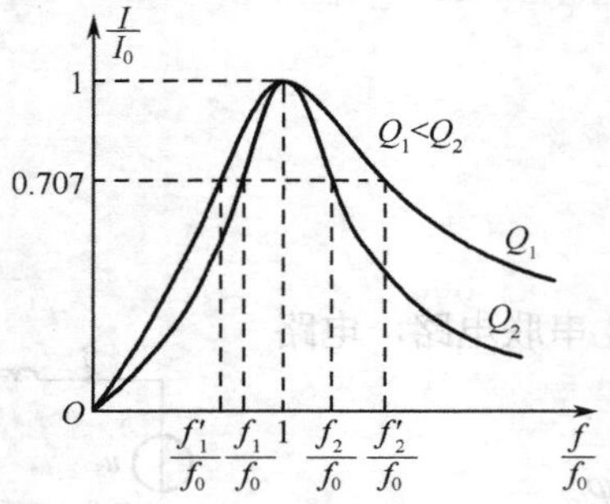

图 4-12　RLC 串联电路幅频特性

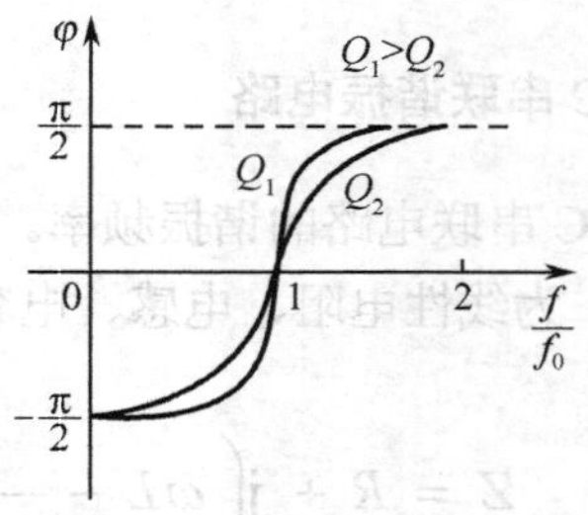

图 4-13　通用相频特性曲线

激励电压 $\dot{U}_S$ 和电路电流 $\dot{I}$ 的相位差 φ 为

$$\varphi(\omega) = \arctan \frac{\omega L - \frac{1}{\omega C}}{R} = \arctan\ Q\left(\frac{f}{f_0} - \frac{f_0}{f}\right) \tag{4-21}$$

相位差 φ 与激励源频率 f 的关系称为相频特性，相频特性曲线如图 4-13 所示。

2. RL-C 并联谐振电路

实际线圈与电容并联的谐振电路，如图 4-14 所示。由图可得入端导纳

$$Y = j\omega C + \frac{1}{R + j\omega L} = \frac{R}{R^2 + (\omega L)^2} + j\omega C - j\frac{\omega L}{R^2 + (\omega L)^2}$$

谐振时 $\mathrm{Im}[Y(j\omega_0)] = 0$，所以 $$\omega_0 C - \frac{\omega_0 L}{R^2 + (\omega_0 L)^2} = 0$$

解得谐振角频率 ω_0 为 $$\omega_0 = \frac{1}{\sqrt{LC}}\sqrt{1 - \frac{CR^2}{L}} \tag{4-22}$$

显然，只有当 $1 - \frac{CR^2}{L} > 0$，即 $R < \sqrt{\frac{L}{C}}$ 时，ω_0 才是实数，电路才会发生谐振。谐振频率 f_0 为

$$f_0 = \frac{1}{2\pi\sqrt{LC}}\sqrt{1 - \frac{CR^2}{L}} \tag{4-23}$$

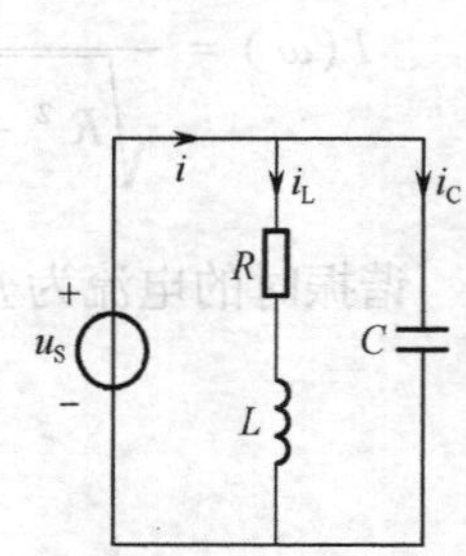

图 4-14　RL-C 并联电路

当 $R << \sqrt{\frac{L}{C}}$ 时，$\omega_0 \approx \frac{1}{\sqrt{LC}}$，$f_0 \approx \frac{1}{2\pi\sqrt{LC}}$，这时与 RLC 串联谐振的表达式相同。

RL-C 并联谐振电路的特点：

（1）若线圈的阻抗角φ很大，谐振时会出现过电流 $I_L \approx I_C >> I$。

（2）谐振时 $Y = \dfrac{R}{R^2 + (\omega_0 L)^2} = \dfrac{CR}{L}$，不是入端导纳的最小值（即输入阻抗也不是最大值），所以谐振时端电压不是最大值。

4.5 三相电路

1. 三相电路相序的测定

在发电、供电系统以及用电部门，相序的确定是非常重要的。一般可用专用的相序仪测定，也可以简单地用一个电容和两个相同瓦数的白炽灯泡联成不对称星形负载（参数满足 $R = \dfrac{1}{\omega C}$），接至被测的三相端线上，如图 4-15 所示。由于负载不对称，负载中性点 N′发生位移，各相电压也就不再相等。若设电容所在相为 A 相，则灯泡比较亮的相为 B 相，灯泡比较暗的相为 C 相，这样就可以方便地确定三相的相序。

2. 三相电路的电压电流关系

（1）三相电路中，负载的连接方式有星形连接和三角形连接。

星形连接时根据需要可以采用三相三线制或三相四线制供电，三角形连接时只能用三相三线制供电。三相电路中的电源和负载有对称和不对称两种情况。在此主要研究三相电源对称，负载作星形连接、三角形连接时的电路工作情况。

（2）星形连接的三相三线制电路。

图 4-16 为星形连接的三相三线制供电图。当线路阻抗忽略不计时，负载的线电压等于电源的线电压，若三相负载对称，则负载中性点 N′和电源中性点 N 之间的电压为零，此时负载的相电压对称，线电压是相电压的 $\sqrt{3}$ 倍。

若三相负载不对称，负载中性点 N′与电源中性点 N 之间的电压不再为零，负载中性点 N′发生位移，负载端的各相电压也就不再对称（线电压仍对称），其数值可以通过计算得到，或者通过实验测出。

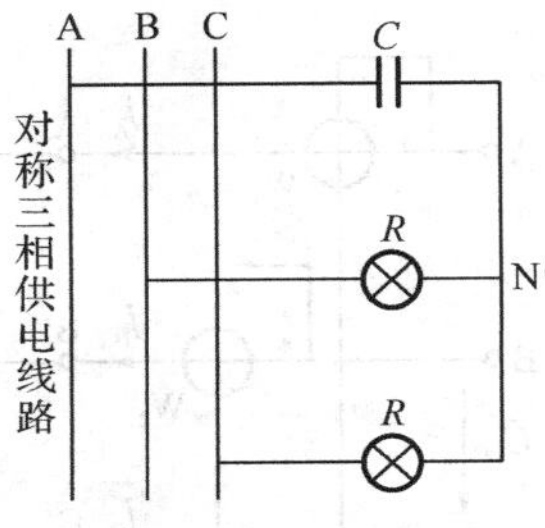

图 4-15 三相电路相序的测定电路

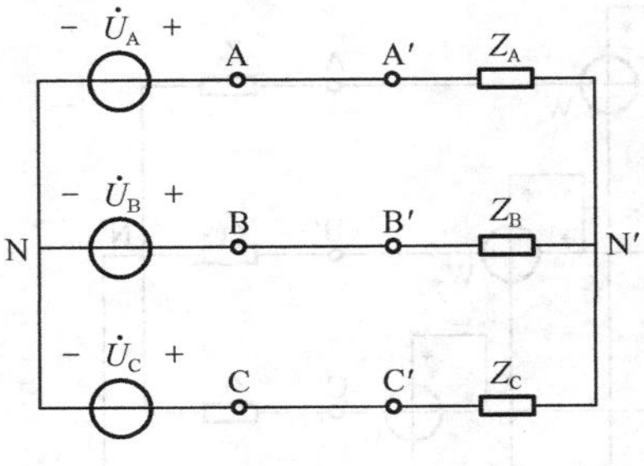

图 4-16 三相三线制星形连接电路

（3）星形连接的三相四线制电路。

在图 4-16 中，若把电源中性点 N 和负载中性点 N′之间用中线连接起来，就成为三相四线制。在三相负载对称时，中线电流等于零，其工作情况与三线制相同；三相负载不对称时，若忽略线路阻抗，则负载端电压仍然对称，但这时中线电流不再为零，其数值可用计算方法或实验方法确定。

（4）三角形连接的电路。

在负载呈三角形连接的对称三相电路中，线电流是相电流 $\sqrt{3}$ 倍。若三相负载不对称，线电流和相电流之间不存在 $\sqrt{3}$ 关系。

3．三相电路有功功率的测量

根据单相功率表的基本原理，在测量交流电路中负载所消耗的有功功率（图 4-17）时，其示值 P 决定于式（4-24）

$$P = UI\cos\varphi \tag{4-24}$$

式中，U 为功率表电压端钮跨接的电压，I 为流过功率表电流端钮的电流，φ 为 $\dot{U}-\dot{I}$ 的相位差角。

单相功率表也可以用来测量三相电路有功功率，只是各功率表应采取适当的接法。

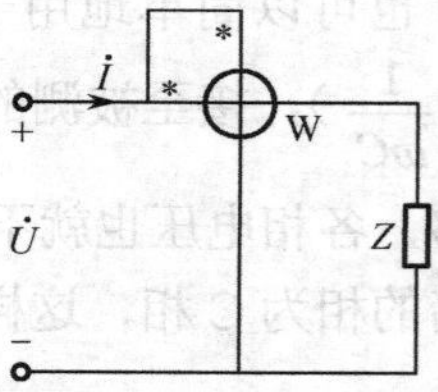

图 4-17　交流有功功率测量

（1）三相四线制电路有功功率的测量（三瓦计法）。

在三相四线制电路中，需用三只功率表测量三相有功功率，这种测量方法称为三瓦计法，如图 4-18 所示。三只功率表分别测出 A、B、C 各相负载的有功功率，然后相加，则得负载所消耗的总有功功率 P，即

$$P=P_1+P_2+P_3 \tag{4-25}$$

式中，P_1、P_2、P_3 分别为 A、B、C 相负载消耗的有功功率。

若三相负载对称，则每相负载消耗的功率相同，这时只需用一只功率表测量任一相的功率，将其示值乘以 3 即为三相电路的总有功功率。

（2）三相三线制电路有功功率的测量（二瓦计法）。

在三相三线制电路中，对称或不对称的，通常用两只功率表测量三相有功功率，又称二瓦计法，如图 4-19 所示。三相负载所消耗的总有功功率 P 为两只功率表的示值 P_1 和 P_2 的代数和，即

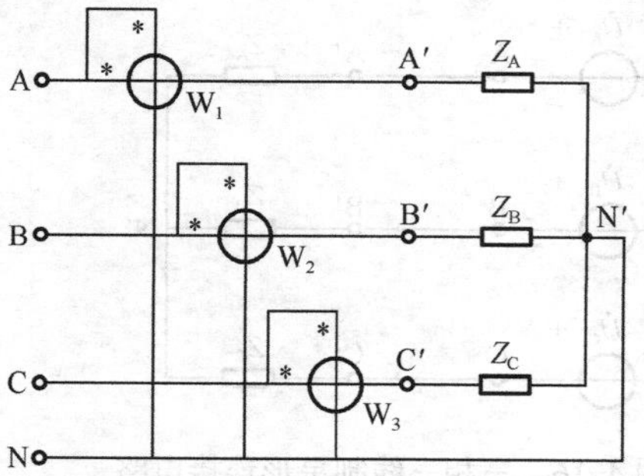

图 4-18　三相四线制电路有功功率的测量（三瓦计法）

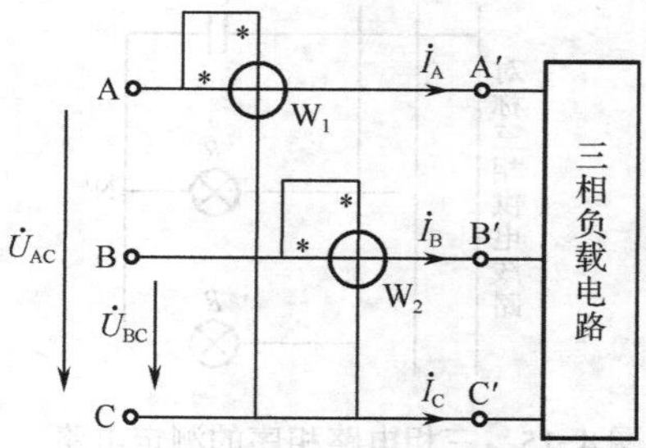

图 4-19　三相三线制电路有功功率的测量（二瓦计法）

$$P = P_1 + P_2 = U_{AC}I_A\cos\varphi_1 + U_{BC}I_B\cos\varphi_2 = P_A + P_B + P_C \tag{4-26}$$

式中，φ_1 为 $\dot{U}_{AC}$ 与 $\dot{I}_A$ 的相位差角，φ_2 为 $\dot{U}_{BC}$ 与 $\dot{I}_B$ 的相位差角。P_A、P_B、P_C 分别为 A、B、C 相负载消耗的有功功率。

图 4-20 是与图 4-19 相对应的对称三相感性负载时的电压、电流相量图，此时两只功率表的示值分别为

$$\begin{aligned} P_1 &= U_{AC}I_A\cos\varphi_1 = U_{AC}I_A\cos(30°-\varphi) \\ P_2 &= U_{BC}I_B\cos\varphi_2 = U_{BC}I_B\cos(30°+\varphi) \end{aligned} \tag{4-27}$$

利用功率的瞬时值表达式，不难推导出式（4-16）的结论。

用二瓦计法测量三相有功功率时，应注意下列问题。

（1）图 4-19 只是二瓦计法的一种接线方式，而一般接线原则为：

① 两只功率表的电流端钮分别串接入任意两条端线中，电流线圈的“*”端必须接在电源侧。

② 两只功率表的电压端钮的“*”端必须各自接到电流线圈的任一端，而电压线圈的非“*”端必须同时接到没有接入功率表电流端钮的第三条端线上。

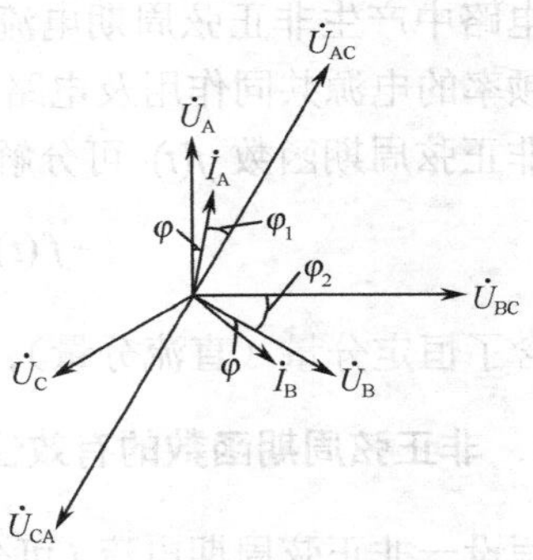

图 4-20　对称三相感性负载的相量图

（2）在对称三相电路中，两只功率表的示值与负载的功率因数之间有如下的关系。

① 负载为纯电阻（即功率因数等于 1）时，两只功率表的示值相等。

② 负载的功率因数大于 0.5 时，两只功率表的示值均为正。

③ 负载的功率因数等于 0.5 时，某一只功率表的示值为零。

④ 负载的功率因数小于 0.5 时，某一只功率表的示值为负。

4．对称三相电路无功功率的测量

（1）二瓦计法测对称三相电路的无功功率。

在对称三相电路中，可以采用图 4-19 的电路测量其无功功率。用二瓦计法测得的功率表的示值 P_1 和 P_2，计算出负载的无功功率和负载的功率因数角 φ，其关系式为

$$Q = \sqrt{3}(P_1 - P_2) \tag{4-28}$$

$$\varphi = \arctan\sqrt{3}\left(\frac{P_1 - P_2}{P_1 + P_2}\right) \tag{4-29}$$

（2）用一只功率表测对称三相电路的无功功率。

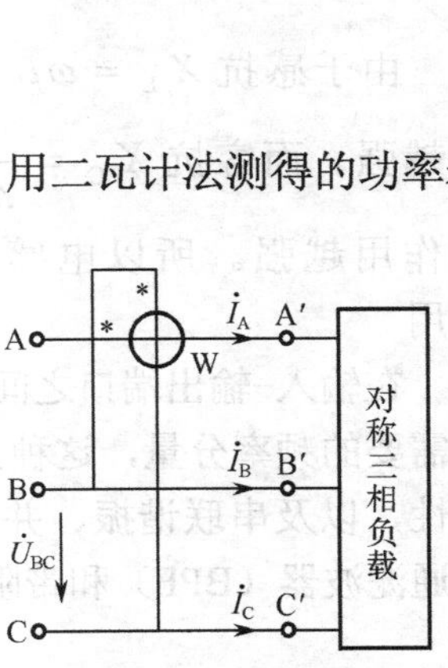

图 4-21　一只功率表测对称三相电路的无功功率

对称三相电路中的无功功率还可以用一只功率表来测量，如图 4-21 所示。将功率表的电流端钮串接于任一条端线中（图示为 A 线），其电流端钮的“*”端接在电源侧，而电压端

钮跨接到另外两条端线之间，其电压支路的“*”端应按正相序接到串接电流端钮所在相的下一相的端线上（图示为B线），这时对称三相负载所吸收的无功功率为

$$Q=\sqrt{3}P \tag{4-30}$$

式中，P 为功率表的示值。当负载为感性时，功率表的示值为正；当负载为容性时，功率表的示值为负。

4.6 非正弦周期电流电路

电路中产生非正弦周期电流的原因很多，通常为电路采用非正弦交流电源、同电路中有不同频率的电源共同作用及电路中存在非线性元件等三种情况。

非正弦周期函数 $f(t)$ 可分解为傅里叶级数

$$f(t)=\frac{a_0}{2}+\sum_{k=1}^{\infty}[a_k\cos(k\omega_1 t)+b_k\sin(k\omega_1 t)] \tag{4-31}$$

它包含了恒定分量（直流分量）、基波和 k 次谐波。

1. 非正弦周期函数的有效值

假设一非正弦周期电流 i 可分解为傅里叶级数

$$i=I_0+\sum_{k=1}^{\infty}I_{km}\cos(k\omega_1 t+\psi_k) \tag{4-32}$$

经分析，电流 i 的有效值为直流分量及各次谐波分量有效值平方和的方根，即

$$I=\sqrt{{I_0}^2+{I_1}^2+{I_2}^2+\cdots\cdots}$$

同理有电压 u 的有效值为

$$U=\sqrt{{U_0}^2+{U_1}^2+{U_2}^2+\cdots\cdots} \tag{4-33}$$

2. 滤波器简介

由于感抗 $X_L=\omega L$，$X_L\propto\omega$，因此电感通过电流的频率越高则感抗大，抑制作用越强。而容抗 $X_C=\dfrac{1}{\omega C}$，$X_C\propto\dfrac{1}{\omega}$，因此电容通过电流的频率越小则容抗大，抑制作用越强。所以电感 L 具有通低频阻高频的作用，电容 C 具有通高频阻低频的作用。

在输入-输出端口之间设计专门的网络，使需要的频率分量能够顺利通过，而抑制或削弱不需要的频率分量，这种具有选频功能的中间网络，工程上称为滤波器。利用 L、C 的频率特性，以及串联谐振、并联谐振的原理，可构成低通滤波器（LPF）、高通滤波器（HPF）、带通滤波器（BPF）和带阻滤波器（BEF）。

4.7　交流串并联电路实验

一、实验目的

1．加深对交流感性电路和交流容性电路特性的理解。

2．学会使用功率因数表法与电压表法测定电压与电流的相位差。

3．验证交流串联、并联电路中各电压、电流的相量关系。

4．加深对阻抗、阻抗角及相位差等概念的理解。

二、实验设备

设 备 名 称	型 号 规 格	数　量	备　　注
单相调压器			
单相功率因数表			
交流电压表			
电容箱			
电感线圈			
固定电阻			
计算机、软件			

三、实验内容及步骤

1．交流串联电路（RC、RL 串联）

（1）按图 4-22 接线，电阻 R 为 100Ω 固定电阻，电容 C 取 7μF。调压器输出电压由零逐渐调至 35V。按表 4-1 测量数据并记入表中。

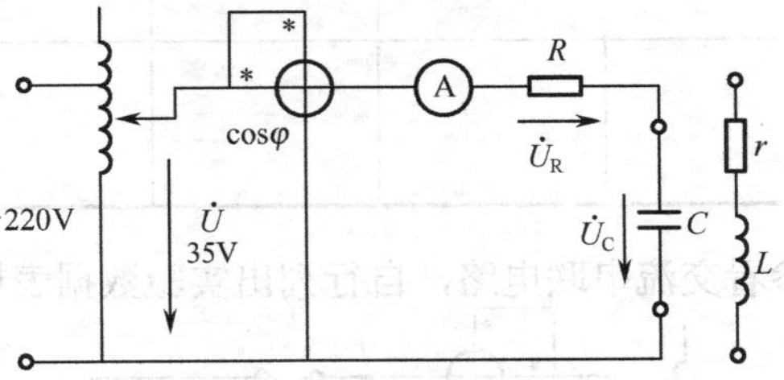

图 4-22　交流串联电路（RC、RL 串联）实验线路

（2）将步骤（1）中电容 C 取值改为 10μF，其余参数均不变，重复步骤（1）的测试，数据记入表 4-1 中。

（3）将图 4-22 中电容换为 3000 匝的空心电感线圈（r、L 为线圈参数），重复步骤（1）的测试，数据记入表 4-1 中。

（4）将步骤（3）中的电感线圈插入铁心，重复步骤（3）的测试。

注意：测试时不要超过电感线圈的额定电流（0.5A）。

表 4-1　交流串联电路（RC、RL 串联）的实验数据

电　路		I（A）	U（V）	U_R（V）	U_{rL}（V）	U_C（V）	cosφ		
							测量值	计算值	相对误差
RC串联	C=4μF								
	C=10μF								
RL串联	空心线圈								
	铁心线圈（电流最小时）								

2．交流串联电路（RLC 串联）

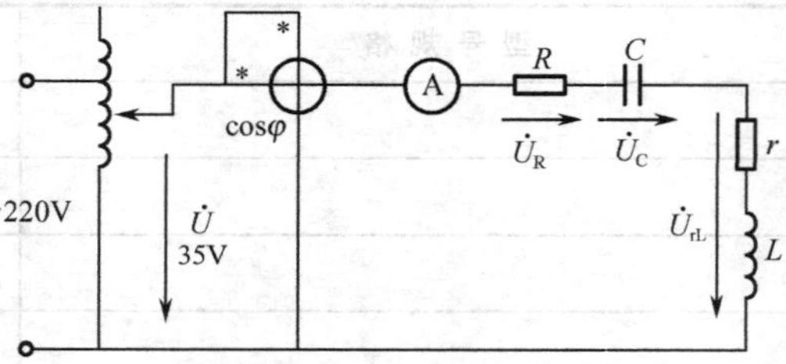

图 4-23　交流串联电路（RLC 串联）实验线路

按图 4-23 所示接线，电阻 R 用 100Ω 固定电阻，电容 C 取 7μF，调压器输出电压调至 35V。

（1）在线圈无铁心的情况下，按表 4-2 测量数据并记录于表中。

（2）在空心电感线圈中逐渐插入铁心，观察铁心在插入过程中电路电流及各电压变化规律。记录电路电流最小时的数据于表 4-2 中。

表 4-2　交流串联电路（RLC 串联）的实验数据

电路	I(A)	U（V）	U_R（V）	U_C（V）	U_{rL}（V）	cosφ	I(A)
空心线圈							
线圈插入铁心(电流最大时)							

3．交流并联电路（参看交流串联电路，自行列出实验数据表格）

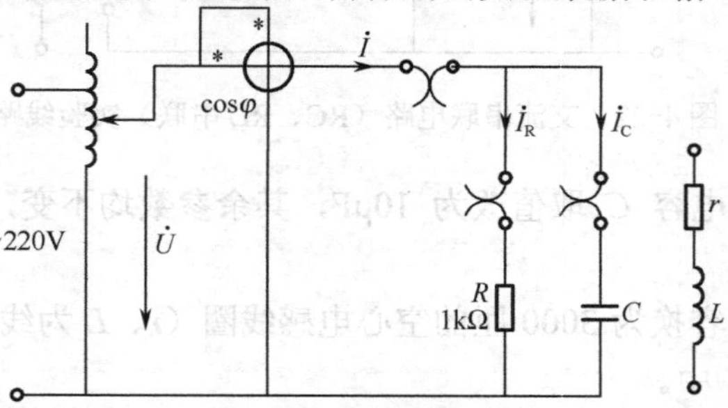

图 4-24　交流并联电路实验线路

（1）RC 并联电路。按图 4-24 所示接线，调压器输出电压调至 35V，电容 C 取 7μF 和 10μF，分别测量各电流值，记入预先画好的表格中。

（2）RL 并联电路。将图 4-24 中的电容换成 3000 匝的电感线圈；当线圈空心与插入铁心时，分别重复上述测量，记入数据表中。

四、实验注意事项

1．本实验直接用 220V 市电电源供电，实验中特别注意人身和用电安全。

2．自耦调压器在接通电源前，应将其手柄置于零位上；调节时应缓慢，使其输出电压从零开始逐渐升高。每次改接线路前或实验完毕，都必须先将其旋柄慢慢调回零位，再断电源。必须严格遵守这一安全操作规程。

3．注意功率因数表的正确接线（包括电压、电流量程选择），通电前必须经指导教师检查。

4．由于电感线圈电流最大允许值为 0.5A，因此电流表读数不得超过 0.5A。

五、仿真实验

1．用 Multisim 软件建立如图 4-25 所示的电路，其中 V1 是交流电压源（信号源库 Sources/ POWER_SOURCES 系列的 AC_POWER），双击该元件设置输出有效值（Voltage RMS）为 35V，频率（Frequency）为 50Hz；XWM1 是功率因数表，功率因数表和功率表（仪器仪表库的 Wattmeter）是复合测量仪表；U1 是电流表（指示器件库 Indicators/AMMETER），双击该表设置模式 Mode 为“AC”，串联在电路里，测量电路的电流有效值；U2~U4 是电压表（指示器件库 Indicators/ VOLTMETER），双击该表设置模式 Mode 为“AC”，并联在被测元件两端，测量其电压有效值；C1 是电容（基本器件库 Basic/CAPACITOR）；L1 是电感（基本器件库 Basic/INDUCTOR）。

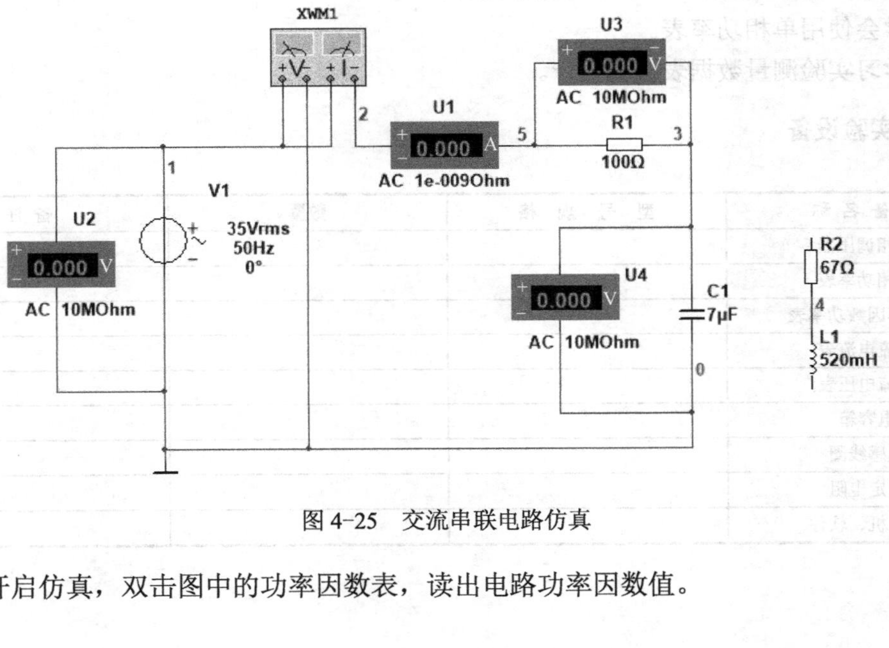

图 4-25　交流串联电路仿真

2．开启仿真，双击图中的功率因数表，读出电路功率因数值。

3．按实验内容要求逐步完成其他实验数据的测量。

六、预习要求

1．熟悉串并联电路中各部分电压、电流的相位关系，画出相量图。

2．RC 串、并联电路，R 与 C 可认为是纯电阻与纯电容，列出计算 $\cos\varphi$ 的公式。

3．RL 串、并联电路，实验所用线圈导线本身含有电阻为 67Ω，有铁心时还存在铁耗等效电阻（本实验为 10Ω～20Ω）。考虑这些电阻影响，列出 RL 串联 $\cos\varphi$ 的计算公式（提示：相量图与余弦定理）。

七、总结要求

1．对交流串联电路，根据实验测量数据作出各串联电路的电压相量图，并得出相应结论。（考虑线圈本身电阻和铁心铁耗等效电阻的影响）

2．对交流并联电路，根据实验测量数据作出各并联电路的电流相量图，并得出相应结论。（考虑线圈本身电阻和铁心铁耗等效电阻的影响）

3．验证测量 $\cos\varphi$ 及计算 $\cos\varphi$，分析误差原因。

4．交流 RLC 串联电路，电感线圈中插入铁心电路电流最小时，电路具有哪些特点？

4.8　交流电路元件参数的测定实验

一、实验目的

1．学会使用伏安法及三表法测定交流电路元件参数。

2．验证 R 为耗能元件，L、C 为储能元件。

3．学会使用单相功率表。

4．学习实验测量数据表格的设计。

二、实验设备

设 备 名 称	型 号 规 格	数量	备 注
单相调压器			
单相功率表			
低功率因数功率表			
交流电流表			
交流电压表			
电容箱			
电感线圈			
固定电阻			
计算机、软件			

三、实验说明

1．电阻在交流电路中，其阻值可以用伏安法测量。由于电阻是耗能元件，其功率 $P=UI$，因此可以通过在电路中接入功率表直接测量来验证。

2．一般电容器的介质损耗甚小，可以看成纯电容元件。因此，电容器的电容量也可以用交流伏安法来测定，$C=\dfrac{I}{\omega U}$。由于 C 是储能元件，并不消耗能量，其有功功率为零。因此在电容器电路中接入功率表测量，其读数将接近于零，从而验证电容为储能元件。

3．实验的电感线圈为有电阻的线圈，可用电阻 r 与电感 L 串联模型来等效。测量其参数应用三表法，即用电压表、电流表、功率表间接测量。根据三表读数，通过下列关系式即可求得 r、L：

$$|Z|=\frac{U}{I},\quad r=\frac{P}{I^2},\quad X_L=\sqrt{|Z|^2-r^2},\quad L=\frac{X_L}{2\pi f}$$

四、实验内容及步骤

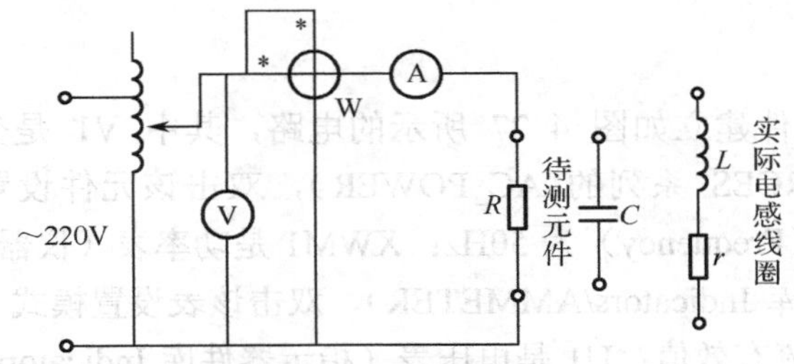

图 4-26　交流电路元件参数的测定电路

1．按图 4-26 接线，图中功率表采用功率因数为 1 的单相功率表。调压器输出电压由零调至 U=(10+学号最后两位)V，选择电阻元件 R=100kΩ，测定线绕电阻参数，并验证其为耗能元件。

2．将上述线路中功率表换为功率因数为 0.2 的低功率因数功率表，且将图中待测元件换为电容箱，取电容值为 C=10μF，调压器电压值保持不变，由三表法测出该电容箱的电容值(用其标称值校验)。

3．将图中待测元件换为空心电感线圈（3000 匝）。调整调压器输出电压，使电流由零逐渐增加到 I=(150+10×学号最后两位)mA，由三表法测定该电感线圈的参数 L、r（用其标称值校验）。

五、实验注意事项

1．本实验直接用 220V 电源供电，实验中特别注意人身和用电安全。

2．自耦调压器在接通电源前应将其旋柄置于零位上，调节时应缓慢，每次改接线路前或实验完毕都应先将其旋柄调回至零位上。

3．由于电感线圈电流最大允许值为0.5A，因此电流表读数不得超过0.5A。

4．注意功率表的正确接线（包括电压、电流量程选择），通电前必须经指导教师检查，读数时应注意量程和标度尺的折算关系。

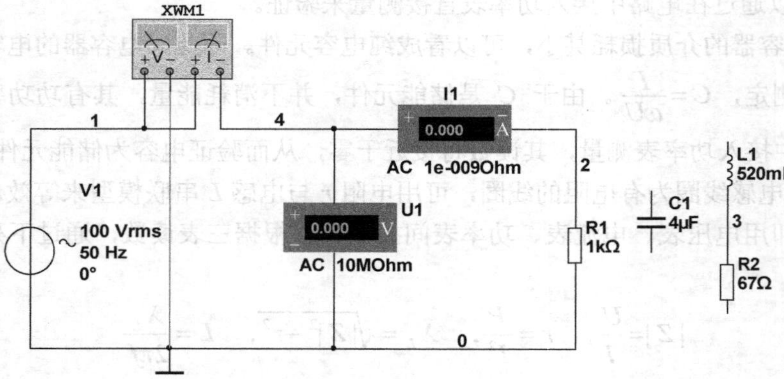

图 4-27 交流电路元件参数测定的仿真

六、仿真实验

1．用 Multisim 软件建立如图 4-27 所示的电路，其中 V1 是交流电压源（信号源库 Sources/ POWER_SOURCES 系列的 AC_POWER），双击该元件设置输出有效值（Voltage RMS）为100V，频率（Frequency）为50Hz；XWM1 是功率表（仪器仪表库的 Wattmeter）；I1 是电流表（指示器件库 Indicators/AMMETER），双击该表设置模式 Mode 为“AC”，串联在电路里，测量电路的电流有效值；U1 是电压表（指示器件库 Indicators/VOLTMETER），双击该表设置模式 Mode 为“AC”，并联在被测元件两端，测量其电压有效值；C1 是电容（基本器件库 Basic/CAPACITOR）；L1 是电感（基本器件库 Basic/ INDUCTOR）。

2．开启仿真，双击图中的功率表，读出电路功率值。按照实验内容要求，测试相应的数据。

七、预习要求

1．复习电工测量知识，熟悉功率表的接线方法、读数方法及量程选取。

2．根据各步骤给定的测量参数，预算各步骤电流，确定各步骤的电流表量程。

3．自行设计实验数据表格（包括各参数值，并将测量数据列于同一表中）。

八、总结要求

1．求出各步骤测定的元件参数值，填入数据表中。并与其标称值比较，分析误差原因。

2．运用实验数据验证 R 为耗能元件，L、C 为储能元件。

4.9　日光灯电路和功率因数提高的实验

一、实验目的

1．学会日光灯的接线，并熟悉其工作原理。

2．了解日光灯电路中灯管及镇流器的电压分配，观察日光灯电路提高功率因数。

3．掌握感性电路并联电容提高功率因数的方法及计算。

4．进一步理解交流电路中各部分电压、各支路电流之间的关系。

二、实验设备

设备名称	型号规格	数量	备注
单相调压器			
单相功率表			
单相功率因数表			
交流电流表			
交流电压表			
日光灯实验板			
电流插座			
空心电感线圈			
可调电容箱			
开关			
计算机、软件			

三、实验内容及步骤

1．日光灯电路及电量测量

按图 4-28（a）日光灯实验电路接线，开关 S_1、S_2 断开，开关 S_2 用可调电容箱上的。经指导教师检查后接通电源，调节单相调压器的输出，使其输出电压缓慢增大，直到日光灯刚启辉点亮为止，测量日光灯的电流、功率及各电压，并记录于表 4-3 中。然后将调压器的输出电压调至 220V，闭合开关 S_1，重新测量并记录数据于表 4-3 中。

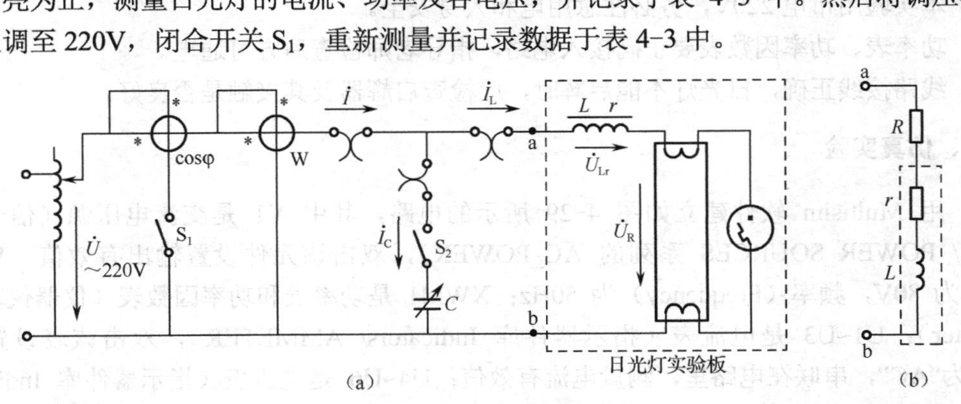

图 4-28　日光灯实验电路

表 4-3　日光灯电路的测量数据

	测　量　值						计算值
	U（V）	U_{Lr}（V）	U_R（V）	I（A）	P（W）	$\cos\varphi$	$\cos\varphi$
启辉值							
正常工作值							

2．日光灯电路（或感性负载）并联电容提高功率因数

图 4-28（a）中闭合开关 S_2，并联电容 C，研究日光灯电路并联电容提高功率因数。或将图 4-28（a）中日光灯负载换接成图 4-28（b）RL 感性负载，此时将调压器的输出电压调至 80V，取电阻 R=200Ω，空心线圈（3000 匝），研究感性负载并联电容提高功率因数。

改变可变电容 C 的电容值，从 C=0 开始逐渐增大，直至最大。改变电容 C 的电容值时，观察各电流、功率因数及有功功率的变化。

测量时，先找出 $\cos\varphi$ =1（或接近 1）时的电容值并测取数据，然后增大和减小电容值，分几点测量数据并记录数据于表 4-4 中。

表 4-4　并联电容提高功率因数的实验数据

C（μF）	0							
电路性质（感性、阻性或容性）								
测量值 $\cos\varphi$								
P（W）								
I（A）								
I_L（A）								
I_C（A）								
计算值 $\cos\varphi$								

四、注意事项

1．本实验用市电 220V，务必注意用电和人身安全。

2．功率表、功率因数表要正确接入电路，指导老师检查后方可通电。

3．线路接线正确，日光灯不能启辉时，应检查启辉器及其接触是否良好。

五、仿真实验

1．用 Multisim 软件建立如图 4-29 所示的电路，其中 V1 是交流电压源（信号源库 Sources/ POWER_SOURCES 系列的 AC_POWER），双击该元件设置输出有效值（Voltage RMS）为 80V，频率（Frequency）为 50Hz；XWM1 是功率表和功率因数表（仪器仪表库的 Wattmeter）；U1~U3 是电流表（指示器件库 Indicators/ AMMETER），双击该表设置模式 Mode 为“AC”，串联在电路里，测量电流有效值；U4~U6 是电压表（指示器件库 Indicators/ VOLTMETER），双击该表设置模式 Mode 为“AC”，并联在被测元件两端，测量其电压有效

值；C1 是电容（基本器件库 Basic/ CAPACITOR）；L1 是电感（基本器件库 Basic/ INDUCTOR）。双击各个元件，按照要求设置相应属性项。

2. 开启仿真，双击图中的功率表，读出电路功率和功率因数值。按照实验内容的要求，测试相应的数据。

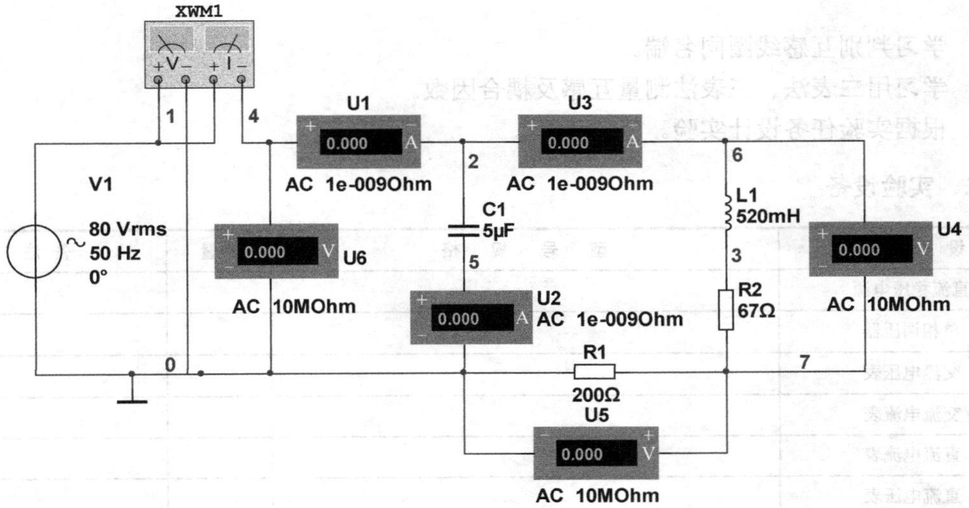

图 4-29　感性负载并联电容提高功率因数的仿真

六、预习与思考

1. 参看第 7 章，了解日光灯的工作原理及接线方法，明确镇流器、启辉器的作用是什么？

2. 在日常生活中，当日光灯上缺少了启辉器时，人们常用一导线将启辉器座的两端短接一下，然后迅速断开，使日光灯点亮；或用一只启辉器去点亮多只同类型的日光灯，这是为什么？

3. 说明用并联电容器来提高功率因数的原理与计算方法，定性预画表 4-4 中各测量值随并联电容 C 值的变化曲线。

4. 为了提高电路的功率因数，常在感性负载两端并联电容器，此时增加了一条电流支路，试问电路的总电流是增大还是减小？此时感性负载支路的电流和功率是否改变？

5. 提高线路功率因数为什么只采用并联电容器法，而不用串联法？所并联的电容值是否越大越好？如果并联的电容值过大或过小，指出这两种补偿的区别。

七、总结要求

1. 求出有关计算值。
2. 用测量数据画出电压、电流相量图，验证相量形式的基尔霍夫定律。
3. 根据表 4-4 数据绘制 $\cos\varphi=f(C)$、$I=f(C)$ 及 $P=f(C)$ 三条曲线，作出实验结论。
4. 总结改善电路功率因数的意义和方法。

4.10 耦合线圈同名端判别与参数测定实验

一、实验目的

1. 学习判别互感线圈同名端。
2. 学习用二表法、三表法测量互感及耦合因数。
3. 根据实验任务设计实验。

二、实验设备

设备名称	型号规格	数量	备注
直流稳压电源			
单相调压器			
交流电压表			
交流电流表			
直流电流表			
直流电压表			
低功率因数功率表			
空心变压器			
单刀开关			
计算机、软件			

三、实验任务

1. 分别用直流法和交流法判别互感线圈的同名端，并将观察现象及数据记入表格（自拟）。

2. 用二表法测量互感线圈的互感 M 值。

3. 用三表法测量互感线圈的互感 M 值和耦合因数 k 值。

注意：实验中互感线圈不论作何种接法，线圈通过的电流均不能超过 0.5A。因此，测量所需外加电压均以电流小于 0.5A 来选取适当值（太小时，各表的读数小，误差大）。对 500 匝线圈作单独测量时，外加电压允许值很小，只有几伏。因此每次测量时，调压器输出均应从零逐渐升至所需值；每一次测量后均应将调压器调回零，不可大意。

四、仿真实验

1. 用直流法判别互感线圈的同名端，用 Multisim 软件建立如图 4-30 所示的电路，其中 J1 是单刀单掷开关（基本器件库 Basic/SWITCH 系列的 SPST），可以按空格“Space”键来切换开关位置；T1 是互感线圈（基本器件库 Basic/TRANSFORMER 中的 TS_IDEAL 或者 COUPLED_INDUCTORS)，并设置相关参数：初级线圈电感量（Primary Coil Inductance）为

520mH，次级线圈电感量（Secondary Coil Inductance）为 26mH，耦合因数（Coefficient of Coupling）为 0.75；U1 是电流表，测量直流电流值。其它元件，在其对话框按要求设置相应属性项。

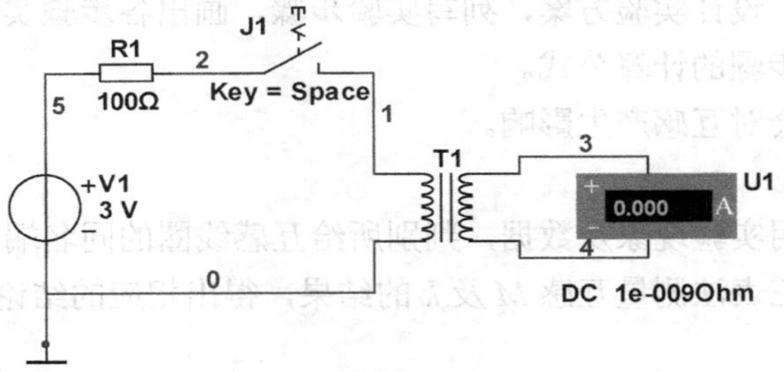

图 4-30 直流法判别互感线圈的同名端

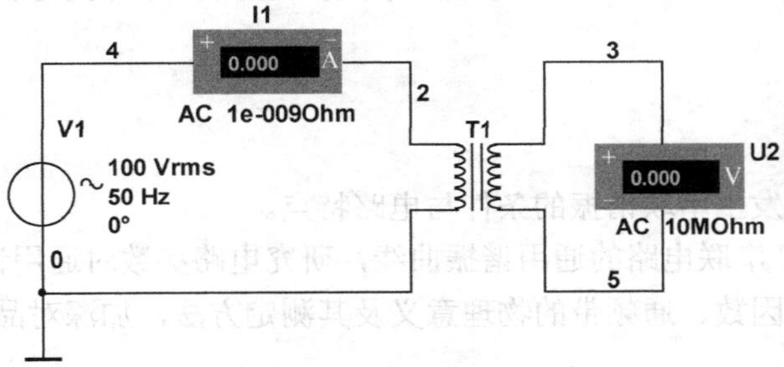

图 4-31 二表法测量互感线圈的互感 *M* 值

2．开启仿真，通过开关的通断和电流表的大小变化，判定互感线圈的同名端。再用交流法判别互感线圈的同名端，相互验证同名端是否正确。交流法请读者自行设计。

3．用二表法测量互感线圈的互感 *M* 值。用 Multisim 软件建立如图 4-31 所示的电路，V1 是交流电压源，I1 是电流表，U2 是电压表，注意电压表和电流表要设置为 AC 模式，设置好各元件的参数即可开启仿真，测试相应的数据。

4．用三表法测量互感线圈的互感系数 *M* 值和耦合因数 *k* 值。用 Multisim 软件建立如图 4-32 所示的电路，XWM1 是功率表，I1 是电流表，U1 是电压表，注意电压表和电流表要设置为 AC 模式，设置好各元件的参数即可开启仿真，测试相应的数据。

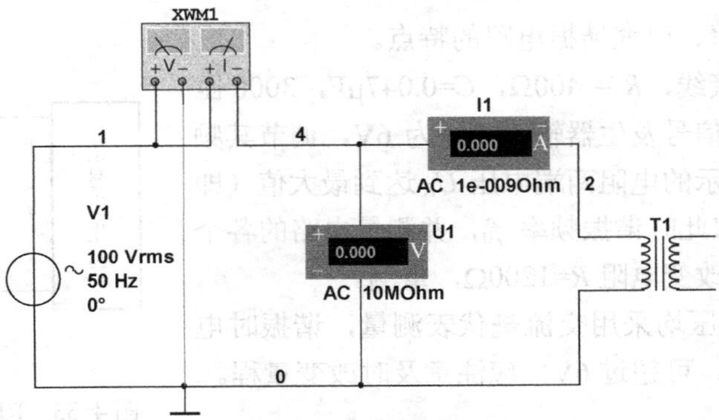

图 4-32 三表法测量互感线圈 *M* 和 *k* 值

五、预习要求

1．复习互感电路理论知识，根据本实验的说明，明确实验方法。

2．根据实验任务，设计实验方案，列写实验步骤，画出各步骤实验线路图及数据表格。

3．写出本实验各步骤的计算公式。

4．理解哪些因素会对互感产生影响。

五、总结要求

1．测量数据。应用实验现象及数据，判别所给互感线圈的同名端。

2．求出二表法与三表法测量互感 M 及 k 的结果，得出相应的结论。

4.11 RLC 串联谐振电路的研究实验

一、实验目的

1．加深理解电路发生串联谐振的条件与电路特点。

2．学习绘制 RLC 串联电路的通用谐振曲线，研究电路参数对通用谐振曲线的影响。

3．掌握电路品质因数、通频带的物理意义及其测定方法，加深对品质因数的理解。

二、实验设备

设备名称	型号规格	数量	备注
函数信号发生器			
交流毫伏表			
电路实验元件箱			
空心电感线圈			
计算机、软件			

三、实验步骤

1．寻找谐振频率、研究谐振电路的特点。

按图 4-33 线路接线，R = 400Ω，C=0.047μF，3000 匝空心电感线圈。保持信号发生器输出电压为 6V，调节其频率，使交流毫伏表所示的电阻两端电压 U_R 达到最大值（即串联谐振状态）。读取此时谐振频率 f_0，并测量电路的各个电压记入表 4-5 中；改变电阻 R=1200Ω，重测。

注：电路中各电压均采用交流毫伏表测量，谐振时电感及电容上电压较大，可超过 6V，应注意及时改变量程。

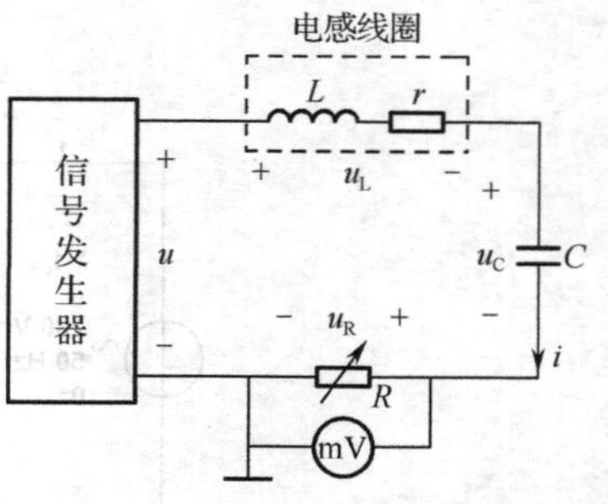

图 4-33 RLC 串联谐振测量电路

表 4-5　RLC 串联电路谐振时的测量数据（U=6V）

R（Ω）	f_0（Hz）	U_{R0}（V）	U_{rL0}（V）	U_{C0}（V）	$I_0=U_{R0}/R$（A）	Q
400						
1200						

2．通用谐振曲线的测试

实验中通用谐振曲线的测试方法与频率特性曲线的测试基本相同。在 L、C 相同条件下，改变不同 R 值的测试即可得到不同品质因数 Q 的通用谐振曲线。（电路中的电流用交流毫伏表测量电路中电阻 R 上的电压降 U_R 求得）。

（1）线路如图 4-33 所示，保持信号发生器输出为 6V，R=400Ω。以谐振点为中心左右扩展测试点，根据表 4-6 中所给定的 f/f_0 数值，计算电源频率 f 值，用交流毫伏表测量对应不同频率的 U_R 值，测量数据记入表 4-6 中。

注意：实验过程中随着电源频率的变化，电源输出电压也会有所变化，所以每次改变频率后均应调整输出电压使其保持不变。

表 4-6　RLC 串联电路幅频特性曲线测量数据（R=400Ω、U=6V）

f/f_0	0.4	0.6	0.8	0.9	0.95	1	1.1	1.2	1.3	1.5	1.8
f（Hz）											
U_R（V）											
I/I_0（U_R/U_{R0}）											
半功率点：U_R=　　V，f_1=　　Hz，f_2=　　Hz											

（2）改变线路中的电阻，R=1200Ω，重复上述步骤的测量过程，测量数据记入表 4-7 中。

表 4-7　RLC 串联电路幅频特性曲线测量数据（R=1200Ω、U=6V）

f/f_0	0.4	0.6	0.8	0.9	0.95	1	1.1	1.2	1.3	1.5	1.8
f（Hz）											
U_R（V）											
I/I_0（U_R/U_{R0}）											
半功率点：U_R=　　V，f_1=　　Hz，f_2=　　Hz											

四、仿真实验

1．用 Multisim 软件建立如图 4-34 所示的电路，XFG1 是函数信号发生器（仪器仪表库的 Function generator），XBP1 是波特图示仪（仪器仪表库的 Bode Plotter）。

2．设置信号发生器为正弦波，输出电压幅值 Amplitude 为 8.49V，即有效值为 6V，按照实物实验的方法操作，将其调至谐振频率，开启仿真，用 U1 交流电压表分别测出此时的 U_O、U_{rL0}、U_{C0} 值。

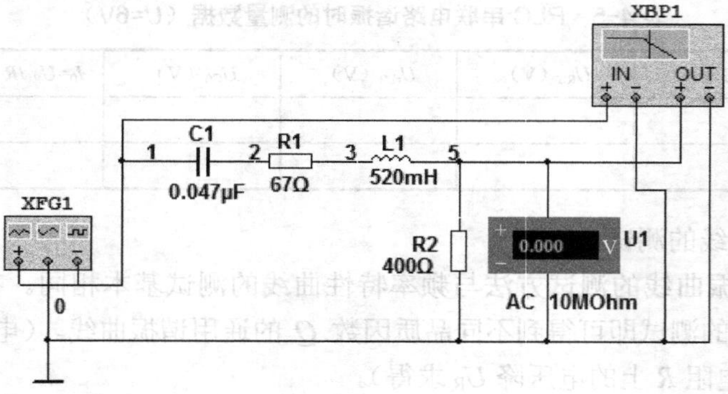

图 4-34　RLC 串联谐振仿真电路

3．使用波特图示仪，将谐振曲线打印出来；也可以使用“交流分析”功能，按图 4-34 的节点号，设置输出为 V(5)及 I(R2)，仿真即可得出谐振曲线，并可读出通频带宽 BW，具体操作见 2.3 节交流分析。

4．改变电阻 R2 的数值为 1200Ω，重复上述测试，记录相应的数据和曲线。

五、预习与思考

1．复习 RLC 串联谐振电路的基本知识，根据本实验参数值预算谐振频率 f_0，供实验参考。

2．如何判别电路是否发生谐振？测试谐振点的方案有哪些？如何采用示波器进行测量？

3．电路发生 RLC 串联谐振时，为什么输入电压 U 不能太大，如果信号源给出 1V 的电压，电路谐振时，用交流毫伏表测 U_L 与 U_C，应选择多大的量限？为什么？

4．电路发生 RLC 串联谐振时，改变电路中 R 的数值后，谐振频率是否发生相应改变？比较输出电压 U_R 与输入电压 U 是否相等？U_L 和 U_C 是否相等？试分析原因。

5．提高 RLC 串联电路的品质因数，电路参数应如何改变？

六、总结要求

1．通过测试，说明 RLC 串联谐振的基本特点。

2．计算各表数据，为便于比较不同 Q 值的通用谐振曲线，在同一坐标系中绘出通用谐振曲线 $I/I_0=f\ (f/f_0)$。（以 I/I_0 为纵坐标，f/f_0 为横坐标绘制）。

3．比较不同 Q 值的各谐振曲线，说明电路参数对通用谐振曲线的影响。

4．用测量的数据，分析半功率点。

4.12　RL-C 并联谐振电路的研究实验

一、实验目的

1．测定并联谐振电路的谐振曲线。

2．进一步理解 RL–C 并联谐振电路的特点。

3．设计实验步骤及实验数据表格。

二、实验设备

设备名称	型号规格	数量	备注
函数信号发生器			
交流毫伏表			
电路实验元件箱			
空心电感线圈			
计算机、软件			

三、实验说明

1．RL 和 C 的并联电路，当 $R \ll \sqrt{L/C}$ 时，并联谐振频率可近似为 $f_0 = \dfrac{1}{2\pi\sqrt{LC}}$。本实验 RL 为具有内阻的电感线圈，可满足 $R \ll \sqrt{L/C}$，在外加电压 U 一定的情况下，并联谐振时总电流 I_0 最小（或接近最小），本实验可利用这一特点来确定谐振点。

2．测定并联谐振电路的谐振曲线时，外加电源为电流源，也可用高内阻的交流电压源代替，本实验采用信号发生器与 R=10kΩ 的电阻串联来等效高内阻电压源（即近似的电流源），电路如图 4-35 所示。当电路发生谐振时，电路中 A、B 之间获得高电压，在非谐振状态下，A、B 之间为低电压，因此 RL–C 并联电路也有选频作用。

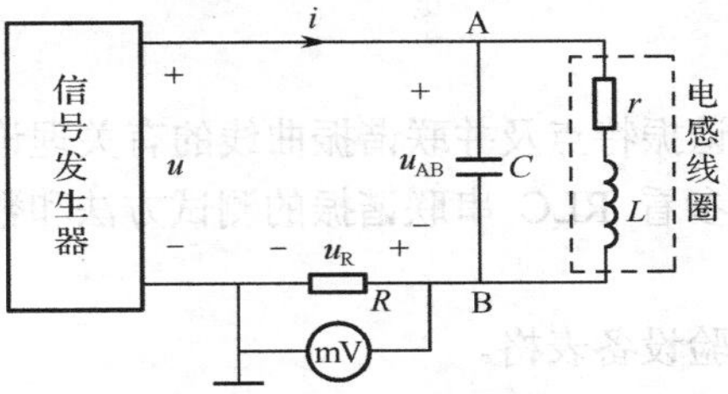

图 4-35　RL–C 并联谐振测量电路

四、实验任务

寻找谐振频率、测定谐振曲线。

按图 4-35 线路接线，调节信号发生器输出电压为 6V，图中 R 用电阻箱调至 10kΩ，C=0.047μF，电感线圈（3000 匝空心线圈）。改变信号发生器频率（电压保持 6V 不变）测定谐振点。将频率从小到大改变，用交流毫伏表逐点测取电压 U_R，并记入自拟的数据表中。

五、仿真实验

1．用 Multisim 软件建立如图 4-36 所示的电路，XFG1 是函数信号发生器（仪器仪表库的 Function generator），XBP1 是波特图示仪（仪器仪表库的 Bode Plotter）。

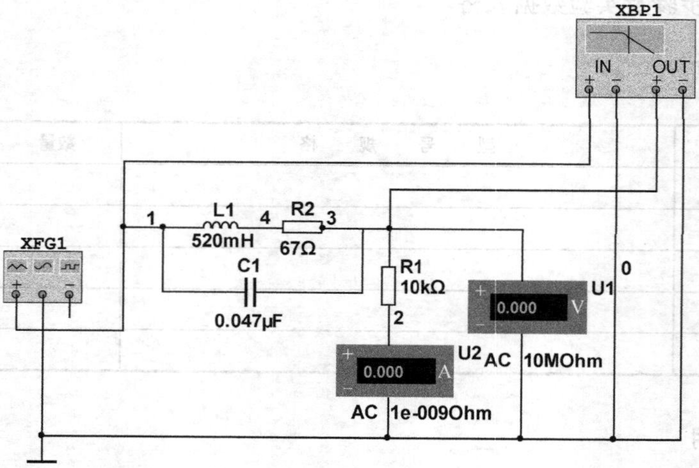

图 4-36 RL-C 并联谐振仿真电路

2．设置信号发生器为正弦波，输出电压幅值 Amplitude 为 8.49V，即有效值为 6V，按照实物实验的方法操作，将其调至谐振频率，开启仿真，用电压表、电流表分别测出此时的 U_O、I_O、I_L、I_C 值。

3．使用波特图示仪，将谐振曲线打印出来；也可以使用“交流分析”功能，设置输出为 I(R1)，仿真即可得出谐振曲线，并可读出通频带宽 BW，具体操作见 2.3 节交流分析。

4．改变电阻 R1 的数值，重复上述测试，记录相应的数据和曲线。

六、预习要求

1．复习 RL-C 并联电路谐振特点及并联谐振曲线的有关理论知识。

2．阅读本实验说明，并参看 RLC 串联谐振的测试方法和数据表格，列出本实验步骤及实验数据表格。

3．根据实验任务列出实验设备表格。

4．根据实验给定电路参数，预算谐振频率并预置表格中的各测试点。

七、总结要求

根据实验数据作出并联谐振曲线并得出相应结论，进一步说明并联谐振特点。

4.13 三相交流电路中电压及电流的测量实验

一、实验目的

1．掌握三相负载做星形连接和三角形连接的方法，验证线电压与相电压、线电流与相电流关系。

2．充分理解三相四线制供电系统中中线的作用，验证三相不对称负载星形连接时中线的作用。

3．观测三相不对称负载星形连接时中性点位移现象，并进行理论分析。

4．学习测定三相电路相序的方法。

二、实验设备

设备名称	型　号　规　格	数量	备 注
交流电流表			
交流电压表			
电流插头、插座			
三相实验灯排			
计算机、软件			

三、实验任务及步骤

1．三相电路相序的测定

如图 4-37 所示，设电容接在 A 相，B、C 相利用三相实验灯排（每相用两只白炽灯串联），白炽灯泡的瓦数相同，接成不对称星形负载，接至被测的三相电源端线上。取电容 C=1μF 测量负载各相电压、现象及相序判断结果记入表 4-8 中。

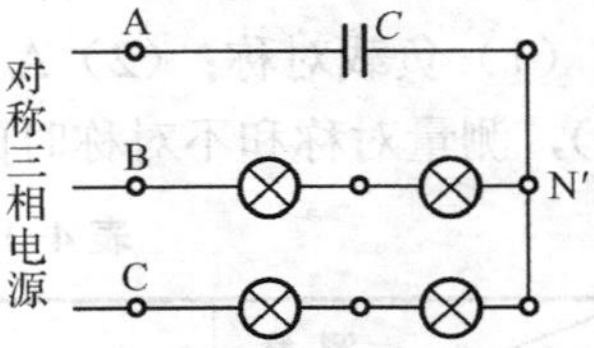

图 4-37　三相电路相序的测定

表 4-8　三相电路相序的测定数据及结果

U_{AN}（V）	U_{BN}（V）	U_{CN}（V）	现象	
			判断结果	

2．三相负载星形连接

（1）用三相实验灯排接成三相负载星形连接电路，三相四线制供电，如图 4-38 所示。测定负载对称时，各线电压、相电压及各电流值。数据记入表 4-9 中。（每相用两只白炽灯串联）

表 4-9　三相负载星形连接的测量数据（单位：V，A）

状态＼测量			U_{AB}			U_{BC}		U_{CA}		
			$U_{AN'}$	$U_{BN'}$	$U_{CN'}$	$U_{NN'}$	I_A	I_B	I_C	I_N
负载对称	有中线									
	无中线									
负载不对称	A 相一只灯泡短接	有中线								
		无中线								
	A 相负载断开	有中线								
		无中线								

注：N 为电源中点，N′ 为负载中点。

（2）在有、无中线（开关 S_4 通断）的情况下，测定表 4-9 中所示负载不对称时各电压、电流值，记入表中。

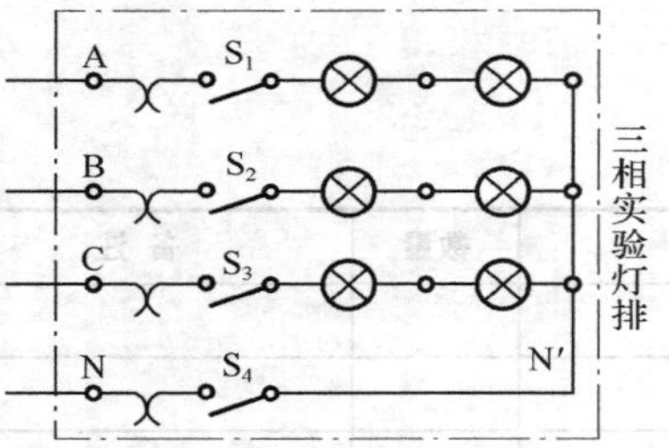

图 4-38　三相负载星形连接

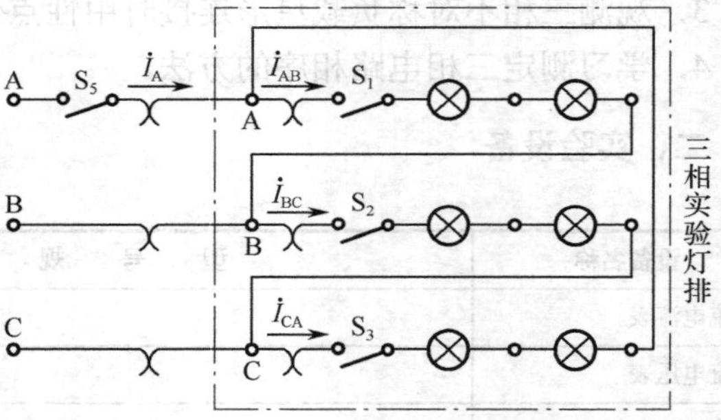

图 4-39　三相负载三角形连接

3．三相负载三角形连接

如图 4-39 所示，将白炽灯连接成三角形接法。将三相交流电源（A、B、C）输入，测定（1）负载对称；（2）A 相负载断开（即打开开关 S_1）；（3）A 相电源断开（即打开开关 S_5），测量对称和不对称时的各相电流、线电流和各相电压，将数据记入表 4-10 中。

表 4-10　三相负载三角形连接的测量数据（单位：V，A）

测量 / 状态	电压			线电流			相电流		
	U_{AB}	U_{BC}	U_{CA}	I_A	I_B	I_C	I_{AB}	I_{BC}	I_{CA}
对称三相负载									
A 相负载断开									
A 相电源断开									

四、实验注意事项

1．每次接线完毕，同学应自查一遍，然后由指导教师检查后，方可接通电源，必须严格遵守先接线，后通电；先断电，后拆线的实验操作原则。

2．测量、记录各电压、电流时，注意分清它们是哪一相、哪一线，防止记错。

五、仿真实验

1．用 Multisim 软件建立如图 4-40 所示的电路。V1 是三相星形电压源（信号源库 Sources/ POWER_SOURCES 系列的 THREE_PHASE_WYE），双击设置该电源的电压为 220V，频率为 50Hz，IA~IC 为电流表，UAN、UBN、UCN、UAB、UBC、UCA 为电压表，设置模式为 AC；J1 是单刀单掷开关（基本器件库 Basic/SWITCH 系列的 SPST），可以按空格键 Space 来切换开关位置，控制中线的有无；R1~R6 是 6 个 500Ω 电阻。

2．开启仿真，按实验内容要求逐步完成实验数据测量。

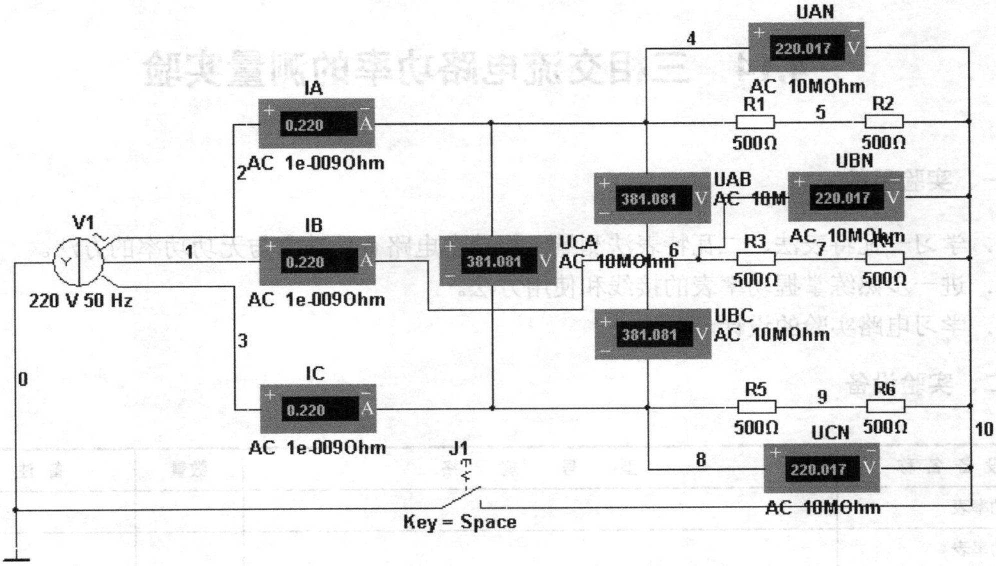

图 4-40　三相负载星形连接电路的仿真

六、预习与思考

1．参看第 7 章关于三相灯排的介绍。

2．三相负载根据什么原则作星形或三角形连接？本实验为什么将两只灯泡串联组成一相负载？

3．相负载按星形或三角形连接时，它们的线电压与相电压、线电流与相电流有何关系？当三相负载对称时又有何关系？

4．说明在三相四线制供电系统中中线的作用。中线上能安装断路器吗？为什么？

5．复习三相星形负载在对称及不对称情况下，负载的相（线）电压、电流、中线电流及中点位移电压等各种关系。

七、总结要求

1．根据表 4-9 实验数据，作出对称、不对称星形负载的各电压、电流相量图。验证三相对称星形负载相电压、线电压关系；相电流、中线电流关系，作出实验结论。

2．根据表 4-10 实验数据，作出对称三角形负载的各线电压、线电流、相电流相量图，验证三相对称三角形负载的线电流、相电流关系，作出实验结论。

3．实验数据和观察到的现象，总结三相四线制供电系统中中线的作用。

4．三相不对称负载三角形连接，能否正常工作？实验是否能证明这一点？

4.14　三相交流电路功率的测量实验

一、实验目的

1. 学习一瓦特表法、二瓦特表法测量三相功率电路有功功率与无功功率的方法。
2. 进一步熟练掌握功率表的接线和使用方法。
3. 学习电路实验的设计。

二、实验设备

设备名称	型号规格	数量	备注
三相功率表			
单相功率表			
三相实验灯排			
交流电流表			
交流电压表			
电流插头			
电流插座			
计算机、软件			

三、实验任务

1. 用一瓦特表法测量三相四线制对称负载的有功功率。

设计实验线路、实验步骤，将数据记入表中（自行设计）。

2. 用二瓦特表法测量三相三线制星形负载的有功功率。

设计实验线路、实验步骤，测量在（1）负载对称；（2）负载不对称（A 相负载的一只灯泡短接）；（3）A 相负载断路三种情况下的有功功率，填入数据表 4-11 中。

3. 用二瓦特表法测量三相三角形负载的有功功率。

在（1）负载对称；（2）A 相负载断开；（3）A 相电源断开三种情况下的有功功率，填入数据表 4-11 中。

提示：可通过电流插座，粗略地测量各线电流大小，以便选择功率表的电流量限（在量程选择之前将电流量程置于高量程位置）。

表 4-11　三相三线制三相负载功率的测量数据（单位：W）

数据 电路		测量值		计算值
		P_1	P_2	P_1+P_2
星形负载	负载对称			
	A 相负载增大			

续表

数据 电路		测量值		计算值
		P_1	P_2	P_1+P_2
	A 相负载断开			
三角形负载	负载对称			
	A 相负载断开			
	A 相电源断开			

4．用一瓦特表法测量对称三相负载的无功功率。

实验电路如图 4-41 所示，图中“对称三相负载” 分别按图 4-41（b）、（c）、（d）连接（白炽灯由两只串联组成）。检查接线无误后，接通三相电源，将功率表测量示值记入表 4-12 中，计算对称三相负载的无功功率。

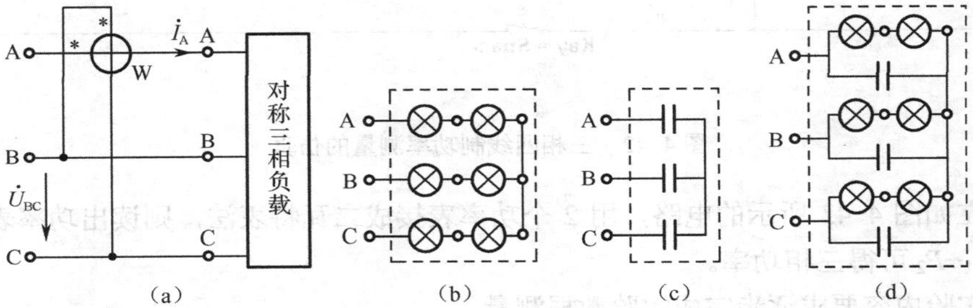

图 4-41　对称三相负载无功功率的测量

表 4-12　对称三相负载无功功率的测量数据

负载情况	测量值			计算值
	U_{BC}（V）	I_A（A）	P 示值	$Q=\sqrt{3}P$（Var）
三相对称灯组				
三相对称电容（每相 3.5μF ）				
上述灯组、电容并联负载				

四、实验注意事项

每次实验完毕，改变接线，均需断开三相电源，以确保人身安全。

五、仿真实验

1．用 Multisim 软件建立如图 4-42 所示的电路。V1 是三相星形电压源（信号源库 Sources/ POWER_SOURCES 系列的 THREE_PHASE_WYE），双击设置该电源的电压为 220V，频率为 50Hz，XWM1 是功率表（仪器仪表库的 Wattmeter）；J1 是单刀单掷开关（基本器件库 Basic/SWITCH 系列的 SPST），可以按空格键“Space”来切换开关位置，控制中线的有无；R1~R6 是 6 个 500Ω 电阻。开启仿真，由功率表直接读出一相电路功率值 U_P，则由

$P=3U_p$ 可得三相功率。

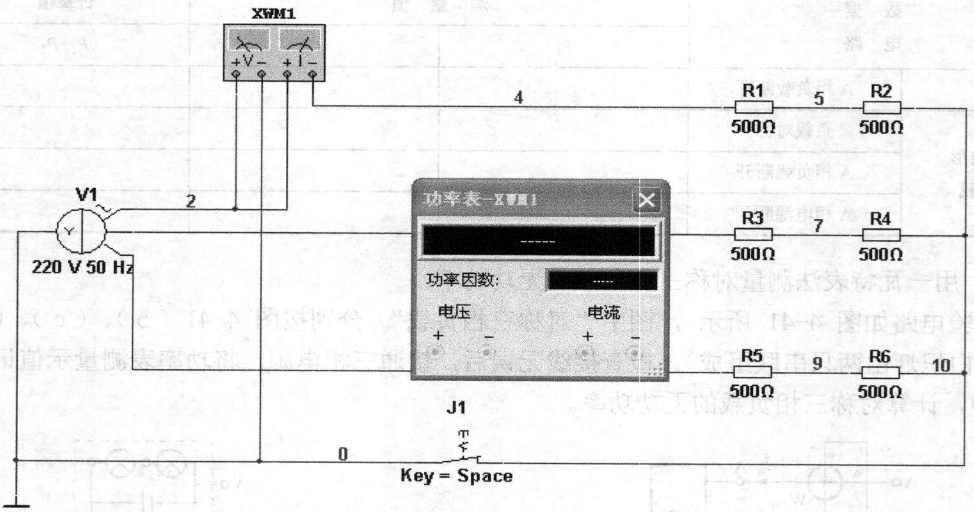

图 4-42　三相四线制功率测量的仿真

2．建立如图 4-43 所示的电路，用 2 个功率表接成二瓦特表法，则读出功率表数值 P_1、P_2，由 $P=P_1+P_2$ 可得三相功率。

3．按实验内容要求逐步完成实验数据测量。

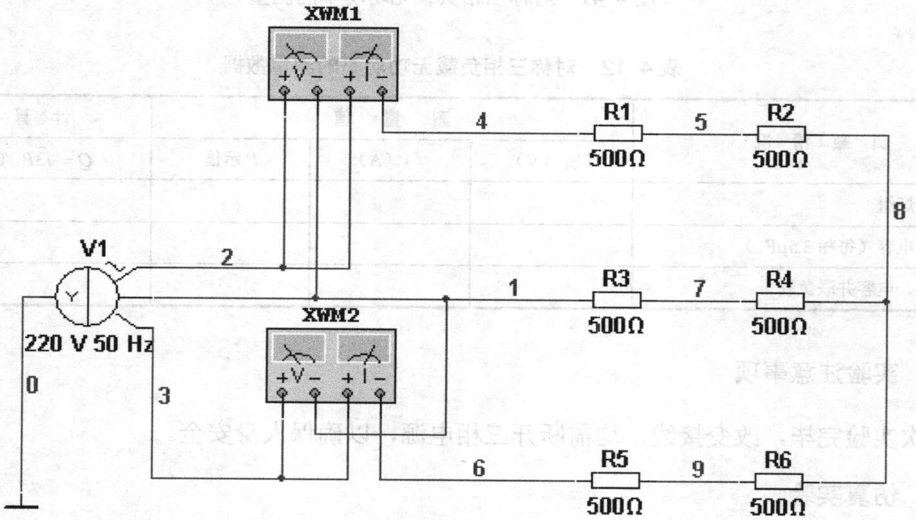

图 4-43　二瓦特表法的仿真

六、预习与思考

1．复习三相电路功率的测量原理，明确接线方法及功率表的读数方法。

2．测量功率时如何保证选择合适的功率表电压和电流的量程？

3. 为什么实验中三相灯排每相用两只白炽灯串联？

4. 按实验任务要求设计实验线路、实验步骤、数据表格等。

七、总结要求

1. 根据实验数据，分析各步骤所测的功率，得出相应结论。

2. 比较一瓦特表法和二瓦特表法测量对称三相负载的结果。

4.15　非正弦周期电流电路的研究实验

一、实验目的

1. 观察非正弦电压的合成。

2. 验证非正弦周期电压的有效值与各次谐波有效值的关系。

3. 观察电感、电容对非正弦电流波形的影响及滤波器的作用。

4. 设计部分仿真实验线路。

二、实验设备

设备名称	型号规格	数量	备注
函数信号发生器			
交流电压表			
电路实验元件箱			
隔离变压器			
自耦调压器			
计算机、软件			

三、实验说明

1. 本实验非正弦波采用基波和三次谐波的叠加。基波信号由 220V 的工频电源经自耦调压器、小型隔离变压器后获得（如果电压合适可不用自耦调压器）；三次谐波信号由函数信号发生器供给，频率为 150Hz。

2. 电感元件具有“通低频、阻高频”的特点，电容元件具有“通高频、阻低频”的特点。当本实验的非正弦电压加于电感元件上时，其电流波形趋于基波；当非正弦电压加于电容元件上时，其电流波形趋于三次谐波，这可通过示波器观察。

3. 利用电感元件和电容元件的这个特点，可以组成各种滤波器，滤去信号中某些干扰分量（如高频噪声）。本实验选择适当参数的电感和电容组成低通滤波器和高通滤波器，通过示波器观察其滤波作用。

三、实物实验

1. 按图 4-44 接线，调节 50Hz 基波输出电压 U_1=15~25V，三次谐波电压 U_3=5~8V，取 U_1=3 U_3。测取电压 U_1、U_3 和 U 的有效值，并记入表 4-13 中；再用双踪示波器分别观察 U_1、U_3 及 U 的波形并描绘下来。

表 4-13　非正弦周期电压有效值的测量数据

U_1（V）	U_3（V）	U（V）

2. 将电感与固定电阻串连接于图 4-44 的 a、d 两端，如图 4-45 所示。取电阻 R=51Ω，电感用空心线圈 3000 匝（0.52H，67Ω）。用双踪示波器观测并描绘电压 u 及电流 i 的波形。

3. 将图 4-45 中的电感换为电容，取 C=5μF，重复步骤 2，观测并描绘电压 u 及电流 i 的波形。

4. 按图 4-46 组成低通滤波器，取 L=0.52H，C=0.47μF，R=51Ω。观测并描绘输入电压 u 和输出电压 u_2 波形。

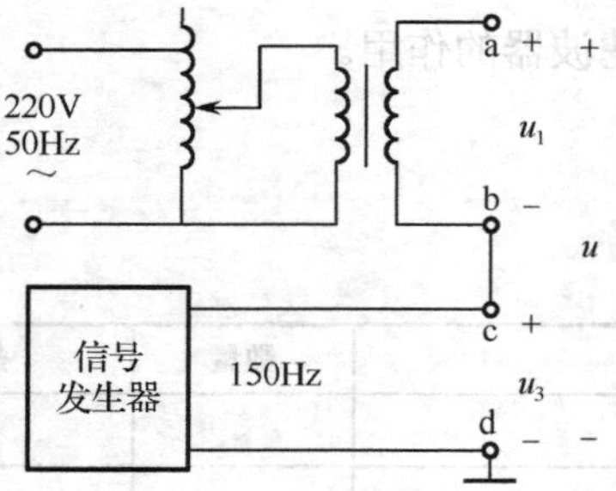

图 4-44　非正弦周期信号测量电路

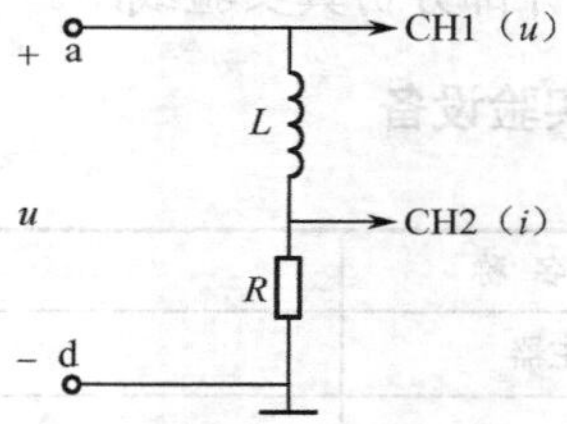

图 4-45　电感电容的影响测量电路

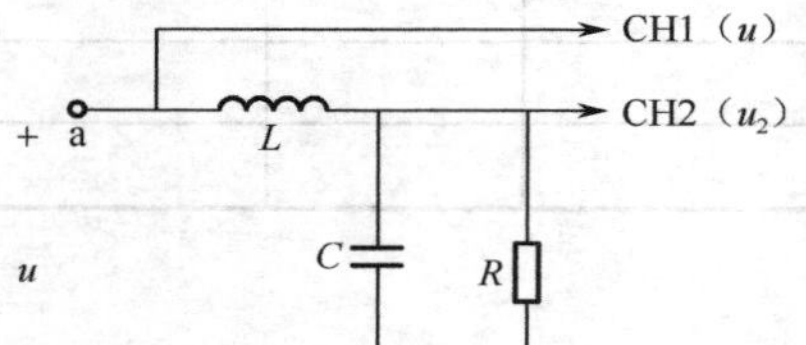

图 4-46　低通滤波器

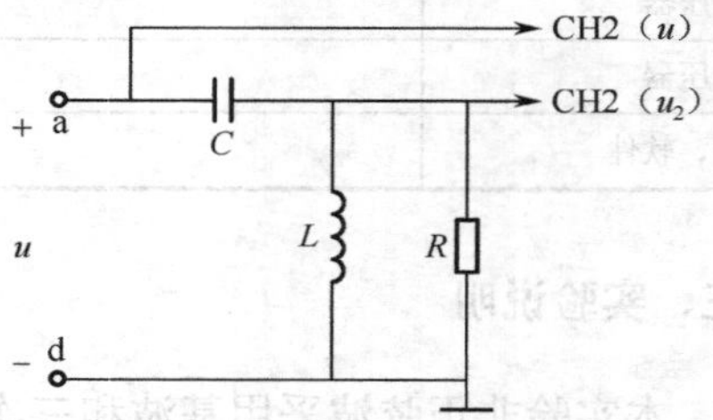

图 4-47　高通滤波器

5. 按图 4-47 组成高通滤波器，取 L=0.52H，C=0.22μF，R=510Ω。观测并描绘输入电压 u 和输出电压 u_2 波形。

注意：在进行低通滤波器和高通滤波器时，可改变谐波信号的频率，进一步观察滤波器的作用。

四、仿真实验

1. 用 Multisim 软件建立如图 4-48 所示电路，V1~V3 是交流电压源（信号源库 Sources/POWER_SOURCES 系列的 AC_POWER），双击可设置该元件的有效值（Voltage RMS）和频率（Frequency）；U1~U3 是 3 个电压表，设置模式为“AC”；J1 是单刀双掷开关（基本器件库 Basic/SWITCH 系列的 SPDT），可以按空格键“Space”来切换开关位置；XSC1 是四踪示波器（仪器仪表库的 Four channel oscilloscope），四个通道 Channel A~D 的选择可以按大旋钮来切换。V1 和 V3 串联产生的非正弦电压，加在 RC 或 RL 串联负载上。开启仿真，用四踪示波器观察各个电压波形。图中基波电源 V2 是为同时显示基波波形而设置的。

基波电源 V1、V2 的取值：50Hz，0°，U_1=30+学号最后两位×3（V）= ______（V）

三次谐波电源 V3 的取值：150Hz，0°或 180°，U_3= U_1 / 3（V）= ______（V）

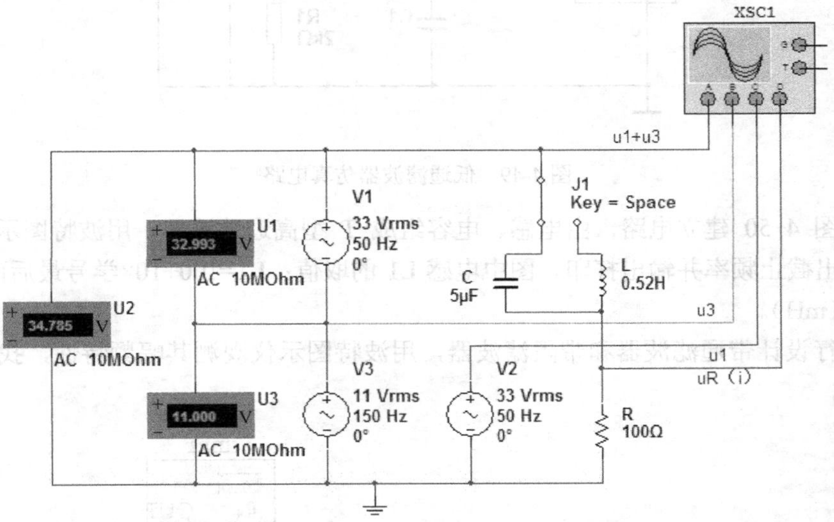

图 4-48　非正弦周期信号的仿真电路

2．验证非正弦周期信号的有效值与各次谐波有效值的关系。

测量基波、谐波及合成波的电压有效值，填入表 4-14 中。

表 4-14　非正弦周期电压有效值的测量数据

U_1（V）	U_3（V）	U（V）

3．观察非正弦周期电压的合成，观察电容、电感对非正弦周期电流波形的影响。

（1）三次谐波电源 V3 的初相位取值为 0°。接入 RC 负载，用四踪示波器观测基波电压 u_1、三次谐波电压 u_3、非正弦波电压 u_1+u_3、及电流 i（电阻两端电压 u_R）的波形并打印。

注意：①观测时，示波器的四个通道 A、B、C、D 取相同的比例 Scale（V/Div），方便比较；②仿真时 4 条波形曲线的颜色、粗细要选择适当，然后再复制，以保证打印效果。

（2）将步骤（1）中的电容换为电感，为 *RL* 负载，重复（1）中的步骤。

（3）将三次谐波电源 V3 反相，其初相位取值改为 180°，重复（1）、（2）中的步骤。

3．观察滤波器的作用。

（1）信号发生器 XFG1 输出正弦信号，按图 4-49 建立电路，由电感、电容组成 T 型低通滤波器，用波特图示仪 XBP1 观测其幅频特性，找出截止频率并输出打印。图中电容 C1 的取值：C1=200+20×学号最后两位（μF）=________（μF）。具体操作详见 2.3 节交流分析。

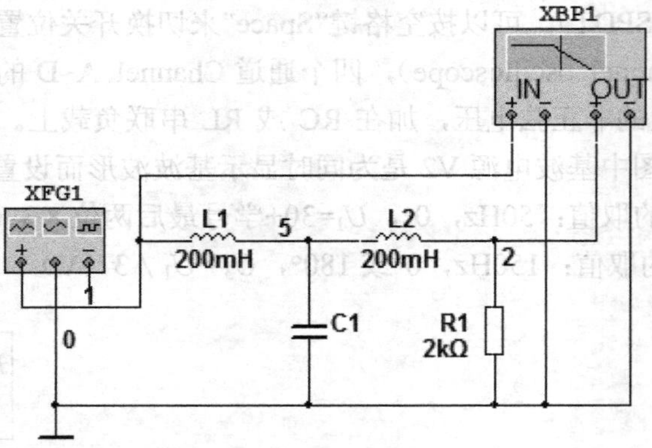

图 4-49　低通滤波器仿真电路

（2）按图 4-50 建立电路，由电感、电容组成 T 型高通滤波器，用波特图示仪观测其幅频特性，找出截止频率并输出打印。图中电感 L1 的取值：L1=100+10×学号最后两位（mH）=________（mH）。

（3）自行设计带通滤波器和带阻滤波器，用波特图示仪观测其幅频特性，找出截止频率并输出打印。

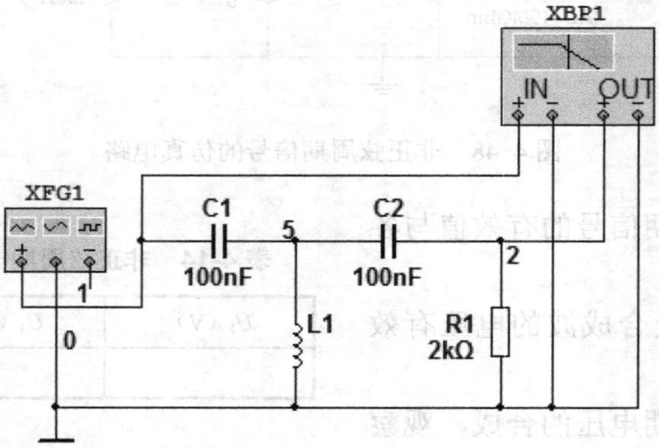

图 4-50　高通滤波器的仿真电路

五、预习要求

预习本实验说明，明确非正弦交流电路有关理论知识及实验观测方法。

六、总结要求

1．利用实验数据，验证非正弦波有效值与各次谐波有效值的关系。

2．对观测的各波形分析总结。

第 5 章　动态电路及二端口网络实验

5.1　电信号的观测

电子示波器是一种信号图形测量仪器，可定量测出电信号的波形参数，是现代测量中常用的仪器之一。双踪示波器可以同时在荧光屏上显示两个波形，可以直接测量电压信号的幅值、频率及两个同频率信号的相位差角。示波器通常有两种工作方式，*Y*–*t* 扫描工作方式和 *Y*–*X* 水平工作方式（也称 *XY* 工作方式）。

电信号观测时，正弦信号和矩形波脉冲信号是常用的电激励信号，由信号发生器提供。

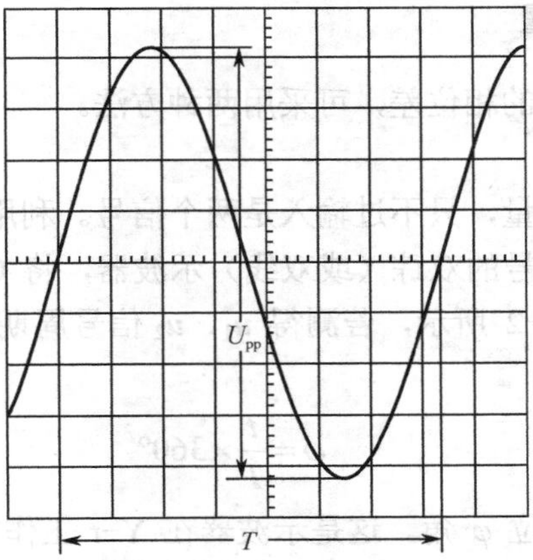

图 5–1　波形周期及有效值的测量

荧光屏的 *Y* 轴刻度尺，结合 *Y* 轴输入电压灵敏度 V/div 量程分挡选择旋钮，可读得电信号的幅值；荧光屏的 *X* 轴刻度尺，结合 *X* 轴时间扫描速度 *t*/div 量程分挡选择旋钮，可读得电信号的周期、脉宽、相位差等参数。

1．测量正弦信号的频率。

将 *X* 轴扫速旋钮（*t*/div）置于适当挡位（例如 0.2ms/div 挡），扫速微调旋钮顺时针方向旋到终点“校准”位置。从荧光屏上读出波形在横轴上一个周期的格数，对于图 5–1 所示的波形为 7.4 格，则波形周期为

$$T=0.2\text{ms/div}\times7.4\text{div}=1.48\text{ms}$$

频率

$$f=1/T=676\text{Hz}$$

2. 测量正弦信号的有效值。

将 Y 输入选择置于“AC”位置，调节垂直衰减旋钮（V/div）于适当的挡位上（例如 0.5 V/div 挡位），Y_A 微调旋钮旋到“校准”位置，在荧光屏上读出波形正、负最大值之间的距离格数，对于图 5-1 所示的波形为 8.44 格，则被测信号电压的峰峰值为

$$U_{pp}=0.5\text{V/div}\times 8.44\text{div}=4.22\text{V}$$

被测电压的有效值为

$$U=\frac{U_{pp}}{2\sqrt{2}}=\frac{4.22}{2\sqrt{2}}=1.49\text{V}$$

当使用 10：1 探头测量时，则输入电压信号经过探头已被衰减为 1/10，所以被测电压的峰峰值应为

$$U_{pp}=0.5\text{V/div}\times 8.4\text{div}\times 10=42.2\text{V}$$

对于数字式电子示波器，测量时，被测信号的周期、频率及有效值等将直接显示在荧光屏上，使用更加方便。

3. 正弦信号的相位差测量

测量两个同频率正弦信号的相位差，可采用两种方法。

（1）直接测量法。

相位差实际上是一种时间量，只不过输入是两个信号。利用 X 轴扫描定时的方法，需要采用能同时显示出两个输入信号的双踪（或双线）示波器，将 CH1、CH2 之间的相位差折算为时间量后即可测出。如图 5-2 所示，若测得 u_1、u_2 信号周期时间为 T（s），两信号的相位差时间为 t（s），则相位差为

$$\varphi=\frac{t}{T}\times 360° \tag{5-1}$$

即 u_1 信号相位超前 u_2 信号相位 φ 角。这是示波器在 Y-t 工作方式下的测量方法，也称为双迹法。若无双踪（或双线）示波器，也可用电子开关和普通示波器配合测量。

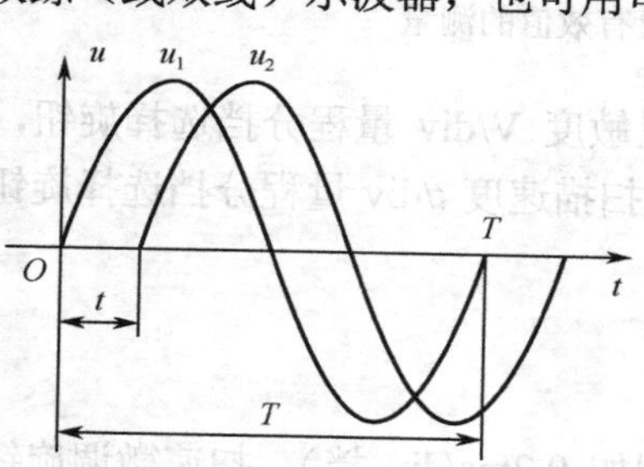

图 5-2　示波器测两个同频率正弦信号的相角差

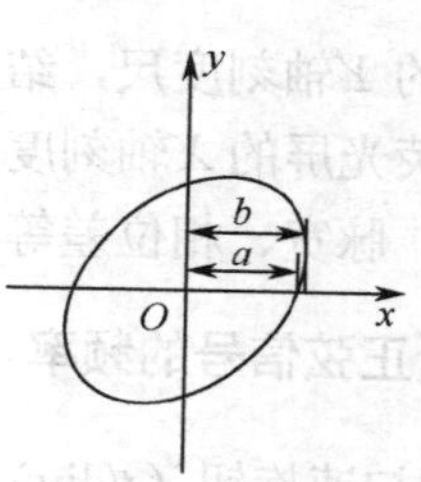

图 5-3　李萨如图形

（2）李萨如图形法。

示波器除 Y-t 工作方式外，还有 Y-X 工作方式。将被测信号分别送入 Y 通道、X 通道，就可在荧光屏上得到李萨如图。通常，李萨如图形是一个斜椭圆，如图 5-3 所示，则相位差为

$$\varphi = \arcsin\frac{a}{b} \tag{5-2}$$

4．电阻元件的特性测量

电阻元件的特性由伏安特性来表征。利用示波器可以把电阻元件的特性曲线在荧光屏上显示出来，实验原理图如图 5-4 所示。

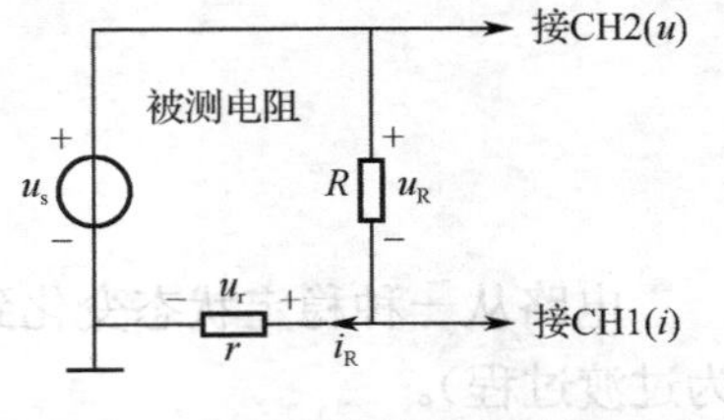

图 5-4　电阻元件的伏安特性测量

图 5-4 中 r 为取样电阻，它两端的电压 $u_r(t) = ri_R(t)$ 反映了通过它的电流的变化规律。r 必须足够小，使得 $u_r(t) << u_R(t)$ 。这时将被测电阻 R 上的电压 $u_R(t) \approx u_S(t)$ 接入 CH2 输入端，将被测电阻上的电流 $i_R(t) = u_r(t)/r$ 接入 CH1 输入端，适当调节两个通道的灵敏度旋钮，示波器的荧光屏即可清楚地显示出被测电阻的 u-i 特性曲线。此时水平轴为电流，垂直轴为电压。

双踪示波器在 X-Y 工作方式时，CH1（即通道 1）代表 X 轴，CH2（即通道 2）代表 Y 轴。

5．电容元件的特性测量

电容元件的特性由库-伏特性来表征。当初始值 q（0）=0 时，有

$$q(t) = \int_0^t i_C(t)\,\mathrm{d}t \tag{5-3}$$

式中 $q(t)$ 为电容器极板上的电荷，$i_C(t)$ 为流过电容器的电流。

测量电容元件的库-伏特性曲线的线路如图 5-5 所示。图中，取样电阻上的电压 $u_r(t)$ 正比于 $i_c(t)$ ，经过积分器后，其输出反映了 $q(t)$ 的变化规律，接入示波器的 CH2（Y 轴）。在 $r \ll \dfrac{1}{\mathrm{j}\omega C}$，$u_C(t) >> u_r(t)$ 的条件下，$u_C(t) \approx u_S(t)$ 接示波器的 CH1（X 轴）。适当调节 Y 轴和 X 轴的幅值，就可以测出电容元件的库-伏特性曲线。

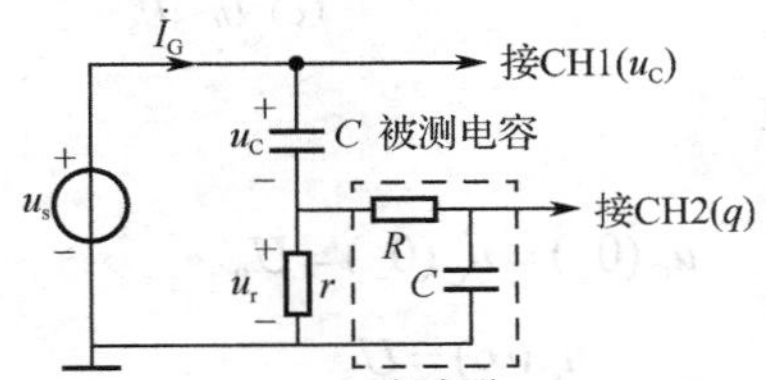

图 5-5　示波器测量电容元件 q-u 特性

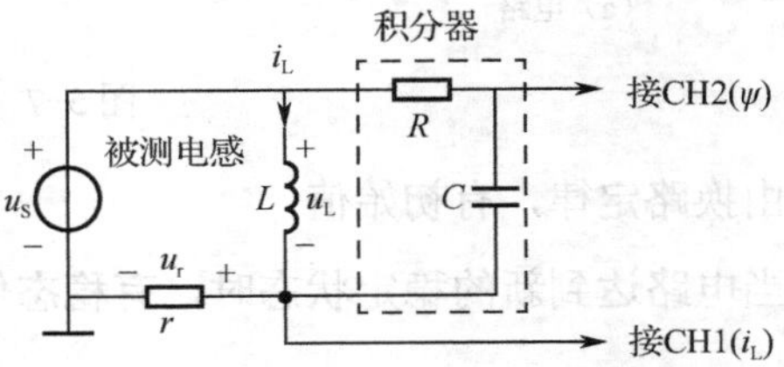

图 5-6　示波器测电感元件 ψ-i 特性

6．电感元件的特性测量

电感元件的特性由韦-安关系来表征。当初始值 $\Psi_L(0) = 0$ 时，有

$$\psi_L(t) = \int_0^t u_L(t)\,\mathrm{d}t \tag{5-4}$$

式中 $\Psi_L(t)$ 为电感电流所产生的磁通链，$i_L(t)$ 为电感电流，$u_L(t)$ 为电感两端电压。

测量电感元件韦–安特性曲线的测试线路如图 5-6 所示。当 $u_r(t) << u_L(t)$ 时，有 $u_L(t) \approx u_S(t)$，经过积分器之后，其输出反映 $\psi_L(t)$ 的变化规律，接入示波器的 CH2（Y 轴）。将 $u_r(t)$（正比于 $i_L(t)$）接入示波器的 CH1（X 轴），适当调节 X 轴、Y 轴灵敏度开关，就可以在荧光屏上观察电感元件韦–安特性曲线。

5.2　一阶电路

电路从一种稳定状态变化到另一种稳定状态的中间变化过程称为电路的暂态过程（也称为过渡过程）。

在含有 LC 储能元件的动态电路中，当电路的结构或元件的参数发生变化时，电路从原来的工作状态经历一个过渡过程转换到另一种工作状态。当电路中只含一个储能元件或者可简化为一个储能元件，并且根据电路所列出的方程是一阶微分方程时，这类电路则称为一阶电路。动态电路的过渡过程可以用微分方程来求解。

1. 一阶动态电路的全响应

一阶动态电路的全响应是指换路后电路的初始状态不为零，同时又有外加激励源作用时电路中产生的响应。

图 5-7（a）所示为直流电源激励的 RC 电路已处于稳定状态。在 t=0 时发生换路，开关 S 从 a 端切换到 b 端。

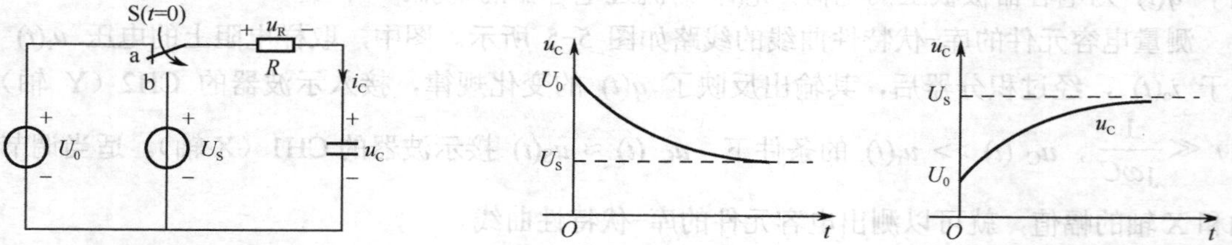

（a）电路　　（b）$U_0 > U_S$　　（c）$U_0 < U_S$

图 5-7　RC 电路的全响应

由换路定律，有初始值：

$$u_C(0_+) = u_C(0_-) = U_0$$

当电路达到新的稳定状态时，有稳态值：

$$u_C(\infty) = U_S$$

通过定性分析可知，当初始值大于稳态值（$U_0 > U_S$）时，电容发生放电，如图 5-7（b）所示；当初始值小于稳态值（$U_0 < U_S$）时，电容发生充电，如图 5-7（c）所示。电容电压 $u_C(t)$ 按指数规律由初始值变化到稳态值。由直流电源激励下的一阶动态电路的三要素法，则有全响应的表达式为

$$u_C(t) = u_C(\infty) + [u_C(0_+) - u_C(\infty)]e^{-\frac{t}{\tau}} = U_S + (U_0 - U_S)\, e^{-\frac{t}{\tau}} \tag{5-5}$$

由式（5-5）可得出，全响应= 稳态响应 + 暂态响应。

2．一阶动态电路的零输入响应和零状态响应

一阶动态电路的零输入响应和零状态响应可以当作全响应的特例进行处理。

（1）零输入响应。动态电路在无外加激励电源，仅由动态元件初始储能所产生的响应。

图 5-8（a）所示的直流电源激励的 RC 电路已处于稳定状态。在 t=0 时发生换路，开关 S 从 a 端切换到 b 端，电容由初始储能通过电阻 R 进行放电，最终电容储能全部放完，可得到图 5-8（b）所示的 $u_C(t)$ 的放电曲线。由三要素法及 $u_C(0_+)=u_C(0_-)=U_0$、$u_C(\infty)=0$，可得零输入响应的表达式为

$$u_C(t)=u_C(0_+)\ e^{-\frac{t}{\tau}}=U_0e^{-\frac{t}{\tau}} \tag{5-6}$$

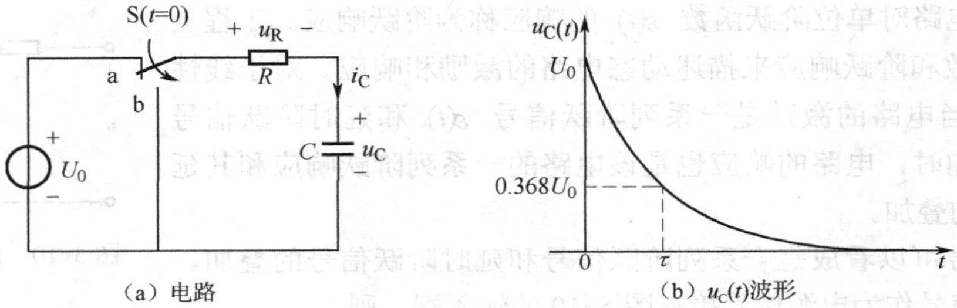

图 5-8　RC 电路的零输入响应

（2）零状态响应。动态元件的初始储能为零，动态电路在零初始状态下由外加激励电源所引起的响应。

图 5-9（a）所示的直流电源激励的 RC 电路已处于稳定状态。在 $t=0$ 时发生换路，开关 S 从 a 端切换到 b 端，电源通过电阻 R 对电容进行充电，最终达到稳定值，可得到图 5-9（b）所示的 $u_C(t)$ 的充电曲线。由三要素法及 $u_C(0_+)=u_C(0_-)=0$、$u_C(\infty)=U_S$，可得零状态响应的表达式为

$$u_C(t)=u_C(\infty)\quad(1-e^{-\frac{t}{\tau}})\ =U_S(1-e^{-\frac{t}{\tau}}) \tag{5-7}$$

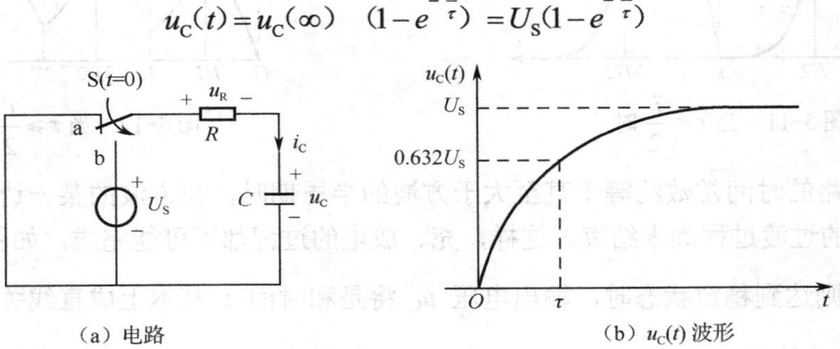

图 5-9　RC 电路的零状态响应

另外，同样可以分析 RL 一阶动态电路的响应。

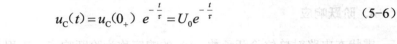

3．时间常数τ

时间常数：$\tau = RC$（秒），或$\tau = \dfrac{L}{R}$（秒）。

时间常数τ 影响动态电路的变化过程，反映了电路暂态过程时间的长短。τ 越大，则动态电路达到新的稳态所需的时间就越长，即过渡过程时间长；τ 越小，则过渡过程时间短。

由图 5-8（b）、图 5-9（b）所示，经过一个时间常数τ，电容电压 $u_C(t)$ 由初始值衰减到原来电压的 36.8%，或电容电压 $u_C(t)$ 从零增加到稳态电压的 63.2%。

4．阶跃响应

零状态电路对单位阶跃函数 $\varepsilon(t)$ 的响应称为阶跃响应。工程上常用阶跃函数和阶跃响应来描述动态电路的激励和响应。对于线性定常电路，当电路的激励是一系列阶跃信号 $\varepsilon(t)$ 和延时阶跃信号 $\varepsilon(t-t_0)$ 的叠加时，电路的响应也是该电路的一系列阶跃响应和其延时阶跃响应的叠加。

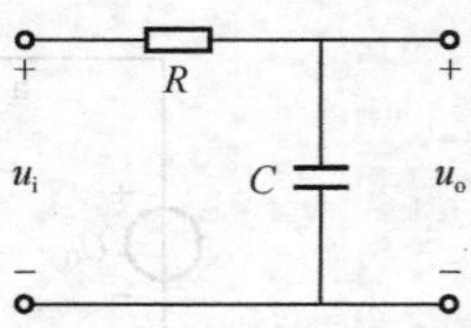

图 5-10　RC 积分电路

方波信号可以看成是一系列阶跃信号和延时阶跃信号的叠加。如果将方波信号作为电源信号接在图 5-10 的输入端，则：

（1）当电路的时间常数远小于方波的半周期时，可以认为方波某一边沿（上升沿或下降沿）到来时，前一边沿所引起的过渡过程已经结束。这样，电路对上升沿的响应就是零状态响应；电路对下降沿的响应就是零输入响应。此时，方波响应是零状态响应和零输入响应的多次过程。因此，可以用方波响应借助普通示波器来观察、分析零状态响应和零输入响应，如图 5-11 所示。

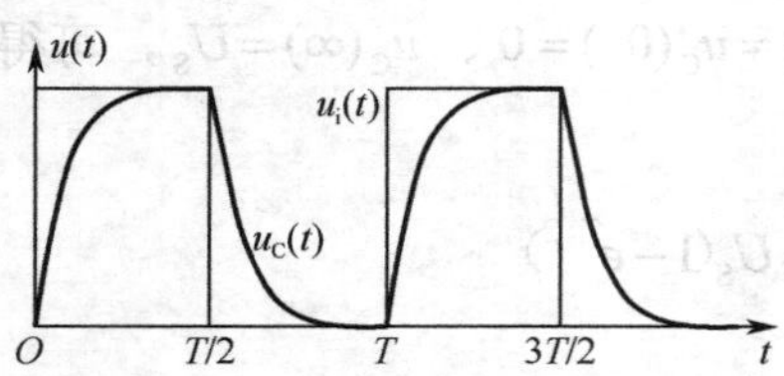

图 5-11　当$\tau \leqslant \dfrac{T}{2}$时

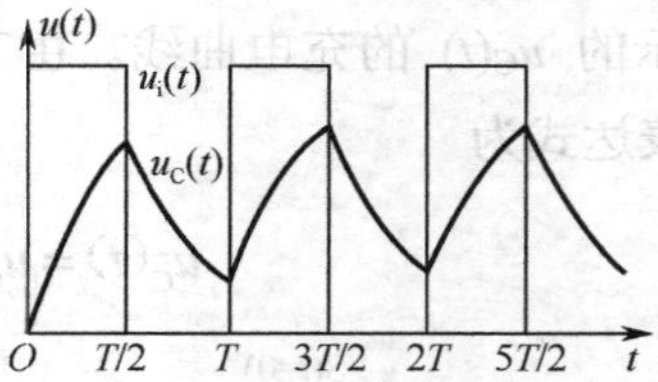

图 5-12　当$\tau \geqslant \dfrac{T}{2}$时

（2）当电路的时间常数约等于甚至大于方波的半周期时，在方波的某一边沿到来时，前一边沿所引起的过渡过程尚未结束。这样，充、放电的过程都不可能完成，如图 5-12 所示。如果$\tau >> \dfrac{T}{2}$，则达到稳定状态时，输出电压 u_C 将是和时间 t 基本上成直线关系的三角波电压。

事实上，在$\tau = RC >> \dfrac{T}{2}$时，电容电压 u_c 远小于电阻电压 u_R。因此

$$i \approx \frac{u_i}{R}$$

输出电压

$$u_o(t)=u_C(t)=\frac{1}{C}\int_0^t i(t)\mathrm{d}t\approx\frac{1}{RC}\int_0^t u_i(t)\mathrm{d}t \tag{5-8}$$

是输入电压的积分，因此习惯上图 5-10 称为积分电路。

5．微分电路

在图 5-13 所示的 RC 电路中，电阻两端电压作为响应输出 u_o，激励源 u_i 为方波信号。当 RC 电路的时间常数 $\tau \ll T/2$（T 为方波信号的周期）时，使得电容的充、放电很快完成，而输出电压 $u_o = u_i - u_C$，因而输出 u_o 得到一个峰值为 U_S 的正、负的尖脉冲，波形如图 5-14 所示。

通过分析可知，当电路的时间常数 $\tau \ll T/2$ 时，有 $u_i = u_C + u_o \approx u_C$，因此有

$$u_o = iR = RC\frac{\mathrm{d}u_C}{\mathrm{d}t}\approx RC\frac{\mathrm{d}u_i}{\mathrm{d}t} \tag{5-9}$$

式（5-9）表明，当 $\tau \ll T/2$ 时，输出电压 u_o 近似地与输入电压 u_i 的微分成正比，因此习惯上称这种电路为微分电路。

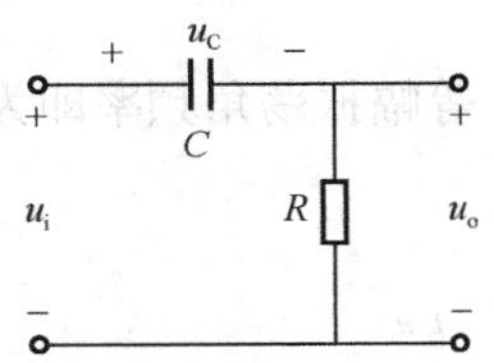

图 5-13　RC 微分电路

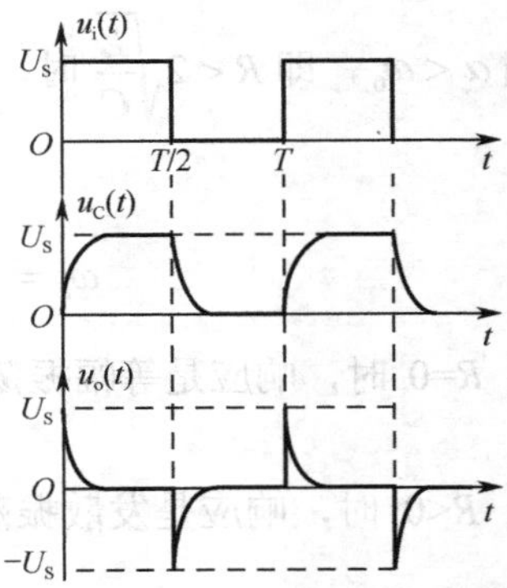

图 5-14　RC 微分电路的电压波形

5.3　二阶电路

1．二阶电路及其响应

凡是可用二阶微分方程来描述的电路称为二阶电路。二阶电路的响应也分为零输入响应、零状态响应和全响应。

图 5-15 所示的线性 RLC 串联电路，图中 U_0、U_S 为直流电压源，它可以用线性二阶常系数微分方程来描述：

$$LC\frac{\mathrm{d}^2u_C}{\mathrm{d}t^2}+RC\frac{\mathrm{d}u_C}{\mathrm{d}t}+u_C=U_S \tag{5-10}$$

初始值为：　　$u_C(0_-)=U_0$　　　$\left.\frac{\mathrm{d}u_C(t)}{\mathrm{d}t}\right|_{t=0}=\frac{i(0_-)}{C}=\frac{I_0}{C}$

求解微分方程，可以得出电容上的电压 $u_C(t)$ 。再根据 $i(t)=C\dfrac{du_C(t)}{dt}$，得 $i(t)$ 。

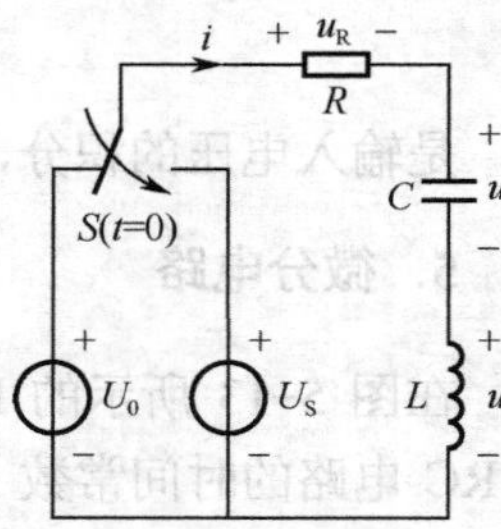

图 5-15　RLC 串联二阶电路

二阶电路响应的类型与元件参数有关。对于 RLC 串联二阶电路，其衰减系数（阻尼系数）$\alpha=\dfrac{R}{2L}$，谐振角频率 $\omega_0=\dfrac{1}{\sqrt{LC}}$，则

（1）当 $\alpha>\omega_0$，即 $R>2\sqrt{\dfrac{L}{C}}$ 时，响应是非振荡性的，称为过阻尼情况。其微分方程的两个特征根分别为

$$s_1=-\alpha+\sqrt{\alpha^2-\omega_0^2}\qquad s_2=-\alpha-\sqrt{\alpha^2-\omega_0^2}\tag{5-11}$$

（2）当 $\alpha=\omega_0$，即 $R=2\sqrt{\dfrac{L}{C}}$ 时，响应临近振荡，称为临界阻尼情况，其微分方程具有两个相等的负实根 $-\alpha$。

（3）当 $\alpha<\omega_0$，即 $R<2\sqrt{\dfrac{L}{C}}$ 时，响应是振荡性的，称为欠阻尼情况，其衰减振荡角频率为

$$\omega_d=\sqrt{\omega_0^2-\alpha^2}=\sqrt{\frac{1}{LC}-\frac{R^2}{4L^2}}\tag{5-12}$$

（4）当 $R=0$ 时，响应是等幅振荡性的，称为无阻尼情况，等幅振荡角频率即为谐振角频率 ω_0。

（5）当 $R<0$ 时，响应是发散振荡性的，称为负阻尼情况。

2．欠阻尼情况的测量

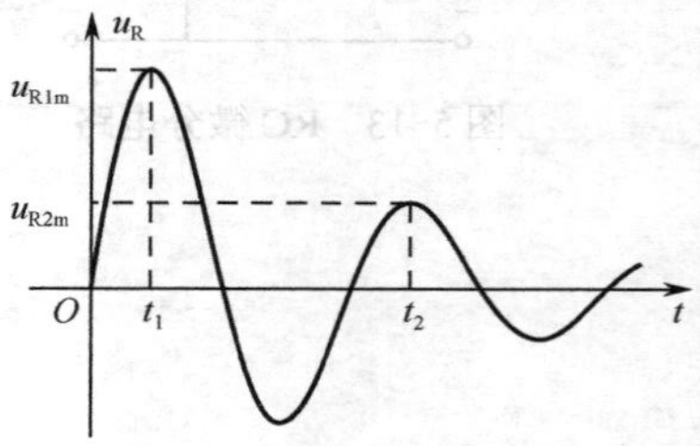

图 5-16　欠阻尼响应波形

对于欠阻尼情况，衰减振荡角频率 ω_d 和衰减系数 α 可以从响应波形中测量出来。例如在响应 $u_R(t)$ 的波形（即为电流 i 的波形）中（图 5-16），显然周期及角频率为：

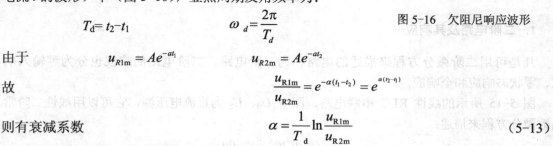

$$T_d=t_2-t_1\qquad \omega_d=\frac{2\pi}{T_d}$$

由于 $$u_{R1m}=Ae^{-\alpha t_1}\qquad u_{R2m}=Ae^{-\alpha t_2}$$

故 $$\frac{u_{R1m}}{u_{R2m}}=e^{-\alpha(t_1-t_2)}=e^{\alpha(t_2-t_1)}$$

则有衰减系数 $$\alpha=\frac{1}{T_d}\ln\frac{u_{R1m}}{u_{R2m}}\tag{5-13}$$

由此可见，用示波器测出波形的周期 T_d 和幅值 u_{R1m}、u_{R2m} 后，就可以算出 ω_d、α 的值。

3．状态方程求解二阶电路

对于图 5-15 所示的 RLC 串联二阶电路，也可以用两个一阶方程的联立，即状态方程来求解

$$\begin{cases}\dfrac{\mathrm{d}u_{\mathrm{c}}(t)}{\mathrm{d}t}=\dfrac{i_{\mathrm{L}}(t)}{C}\\ \dfrac{\mathrm{d}i_{\mathrm{L}}(t)}{\mathrm{d}t}=-\dfrac{u_{\mathrm{c}}(t)}{L}-\dfrac{Ri_{\mathrm{L}}(t)}{L}+\dfrac{U_{\mathrm{S}}}{L}\end{cases} \tag{5-14}$$

初始值为　$u_{\mathrm{C}}(0_-)=U_0$　$i_{\mathrm{L}}(0_-)=I_0$

其中，$u_{\mathrm{c}}(t)$ 和 $i_{\mathrm{L}}(t)$ 为状态变量，对于所有 $t\geqslant 0$ 的不同时刻，由状态平面上所确定的点的集合，就叫做状态轨迹。示波器置于水平工作方式，当 Y 轴输入 $u_{\mathrm{c}}(t)$ 波形，X 轴输入 $i_{\mathrm{L}}(t)$ 波形时，适当调节 Y 轴和 X 轴幅值，即可在荧光屏上显现出状态轨迹的图形，如图 5-17 所示。

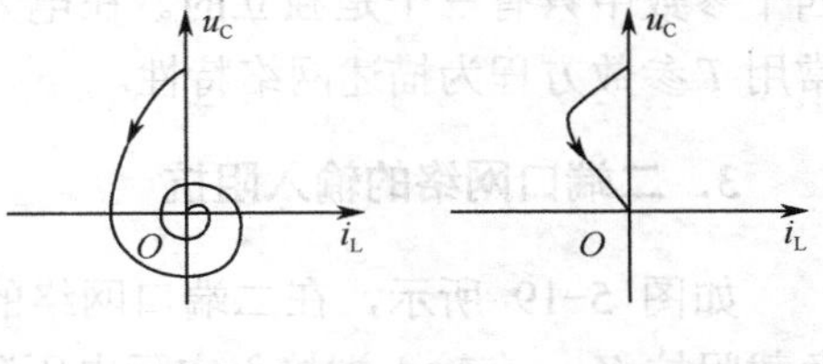

（a）零输入欠阻尼　（b）零输入过阻尼

图 5-17　状态轨迹

5.4　二端口网络

对于无源线性二端口网络，如图 5-18 所示，可以用网络参数来表征它的特性，这些参数只决定于二端口网络内部的元件和结构，而与输入（激励）无关。网络参数确定后，两个端口处的电压电流关系即网络的特性方程就唯一地确定了。

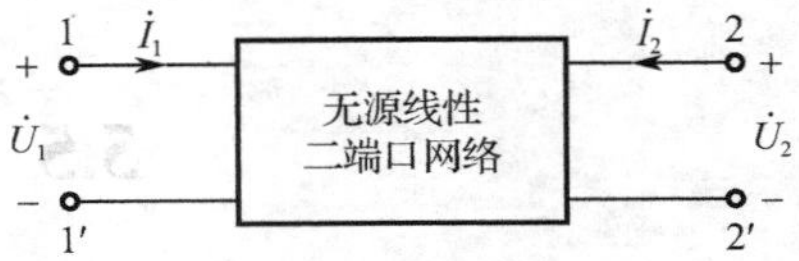

图 5-18　无源线性二端口网络

1．阻抗参数（Z 参数）的测定

由二端口网络的特性方程

$$\begin{aligned}\dot{U}_1&=Z_{11}\dot{I}_1+Z_{12}\dot{I}_2\\ \dot{U}_2&=Z_{21}\dot{I}_1+Z_{22}\dot{I}_2\end{aligned} \tag{5-15}$$

式中，Z_{11}、Z_{12}、Z_{21}、Z_{22} 称为二端口网络的 Z 参数。可知，只要将二端口网络的输入端和输出端分别开路，测出其相应的电压和电流后，就可以确定二端口网络的 Z 参数。即有

$$Z_{11}=\frac{\dot{U}_1}{\dot{I}_1}\bigg|_{\dot{I}_2=0}\qquad Z_{12}=\frac{\dot{U}_1}{\dot{I}_2}\bigg|_{\dot{I}_1=0}\qquad Z_{21}=\frac{\dot{U}_2}{\dot{I}_1}\bigg|_{\dot{I}_2=0}\qquad Z_{22}=\frac{\dot{U}_2}{\dot{I}_2}\bigg|_{\dot{I}_1=0} \tag{5-16}$$

Z 参数具有阻抗的性质，因此称为开路阻抗参数。

当二端口网络为互易网络时，有 $Z_{12}=Z_{21}$，因此，四个参数中只有三个是独立的。

2．传输参数（T 参数）的测定

由二端口网络的特性方程

$$\dot{U}_1 = A\dot{U}_2 + B\left(-\dot{I}_2\right)$$
$$\dot{I}_1 = C\dot{U}_2 + D\left(-\dot{I}_2\right) \tag{5-17}$$

式中，A、B、C、D 称为传输参数。通过端口的开路和短路，测出相应的电压和电流后，就可以计算二端口网络的 T 参数。即有

$$A = \left.\frac{\dot{U}_1}{\dot{U}_2}\right|_{\dot{I}_2=0} \qquad B = \left.\frac{\dot{U}_1}{-\dot{I}_2}\right|_{\dot{U}_2=0} \qquad C = \left.\frac{\dot{I}_1}{\dot{U}_2}\right|_{\dot{I}_2=0} \qquad D = \left.\frac{\dot{I}_1}{-\dot{I}_2}\right|_{\dot{U}_2=0} \tag{5-18}$$

当二端口为互易网络时，有 $AD-BC=1$，因此，四个参数中只有三个是独立的。在电力及电信转输中常用 T 参数方程为描述网络特性。

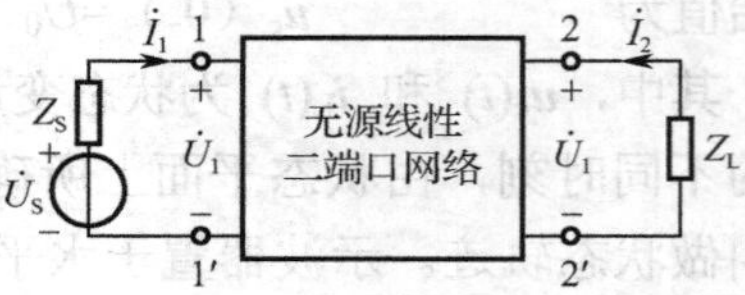

图 5-19　带负载的无源线性二端口网络

3．二端口网络的输入阻抗

如图 5-19 所示，在二端口网络的输出端接一个负载阻抗 Z_L，在输入端接入实际电压源，根据定义，则二端口网络的输入阻抗为输入电压和电流之比，即

$$Z_{in} = \frac{\dot{U}_1}{\dot{I}_1} \tag{5-19}$$

根据 T 参数方程，得

$$Z_{in} = \frac{AZ_L + B}{CZ_L + D} \tag{5-20}$$

如果二端口网络实验仅研究直流无源二端口网络的特性，只需将上述各公式中的 $\dot{U}$、$\dot{I}$、Z 改为相应的 U、I、R 即可。

5.5　典型电信号的观测实验

一、实验目的

1．熟悉信号发生器及其使用方法。
2．熟悉双踪示波器面板主要旋钮功能，练习使用操作。
3．学习用示波器观察电信号的波形，定量测出信号波形的参数。
4．学习用双踪示波器观察电路中两个正弦波之间的相位关系。

二、实验设备

设 备 名 称	型　号　规　格	数量	备 注
双踪示波器			
函数信号发生器			
电路实验元件箱			
空心电感线圈			
计算机、软件			

三、实验内容

1．熟悉信号发生器和双踪示波器

（1）仔细观察信号发生器和双踪示波器面板上各种开关与控制旋钮的位置。熟悉双踪示波器面板上各功能区域的位置分布，了解主要开关、旋钮的功能，然后接通电源开关。

（2）将信号发生器的“波形选择”开关置于正弦波信号位置上。

（3）接通信号发生器电源，调节信号发生器的频率旋钮（包括频段选择、频率粗调和频率细调），使输出信号的频率为 500Hz（或 10kHz），调节输出信号的“幅值调节”旋钮，使输出信号的有效值为 1.5V（或 5V）。

2．测量正弦波信号的波形参数

（1）选择示波器的输入耦合方式为“交流、AC”（只通过信号的交流分量），工作方式为“Y-*t*”。

（2）通过电缆线，将信号发生器的输出信号与示波器的 CH1 探头相连。

①为便于观察，将垂直控制灵敏度开关（V/Div）和水平扫描速度开关（*t*/Div）调至适合位置，使波形幅度适中，屏幕上出现 1～2 个周期的波形。调节垂直移位和水平移位，使显示波形与刻度线对准，以方便读数。从荧光屏上读得周期、频率及有效值，分别记入表 5-1 中。

②改变垂直控制灵敏度开关（V/Div）和水平扫描速度开关（*t*/Div）的数值，观察对屏幕上显示的波形幅度和周期波形的影响，显示结果分别记入表 5-1 中。

表 5-1　示波器练习及正弦波信号的波形参数测量

<table>
<tr><td rowspan="2">信号发生器输出信号</td><td>频率 f（Hz）</td><td>500</td><td>10k</td><td rowspan="2">调节垂直控制灵敏度开关对波形显示的影响</td></tr>
<tr><td>电压有效值 U（V）</td><td>1.5</td><td>5</td></tr>
<tr><td rowspan="3">电压测量</td><td>垂直控制灵敏度开关（V/div）挡位</td><td></td><td></td><td rowspan="3"></td></tr>
<tr><td>波形正负最大值间格数（格）</td><td></td><td></td></tr>
<tr><td>电压有效值 U（V）</td><td></td><td></td></tr>
<tr><td rowspan="4">频率测量</td><td>X 轴扫描速度开关（t/div）</td><td></td><td></td><td rowspan="2">调节 X 轴扫描速度开关对波形显示的影响</td></tr>
<tr><td>波形一周期格数（格）</td><td></td><td></td></tr>
<tr><td>波形周期 T（ms 或 μs）</td><td></td><td></td><td rowspan="2"></td></tr>
<tr><td>频率 f（Hz）</td><td></td><td></td></tr>
</table>

3．测量矩形波信号的波形参数

将信号源的“波形选择”开关置矩形波信号位置上，调节信号源的输出幅度为 1.5V，调节频率，分别观测 100Hz 和 10kHz 矩形波信号的波形参数（幅值 U_m、周期 T 及占空比），记入自拟的数据表格中。

4．观测电路中的电压与电流之间的相位关系。

（1）观测 RC 串联电路的电压与电流之间的相位关系

按图 5-20 接线，调节信号发生器的正弦波输出电压为 5V，取 R=510Ω，C=4μF。测取电路中电压和电流的相位关系，数据记入表 5-2 中，并在坐标纸上描绘电压波形及电流波形于同一坐标系中。

调节信号频率为：f=100+10×学号最后两位（Hz）。

注意：① 电路中的电阻 R 充当取样电阻，用于测取电路中电流的波形。② CH1、CH2 探头的接地端可只接一个到信号发生器的接地端。

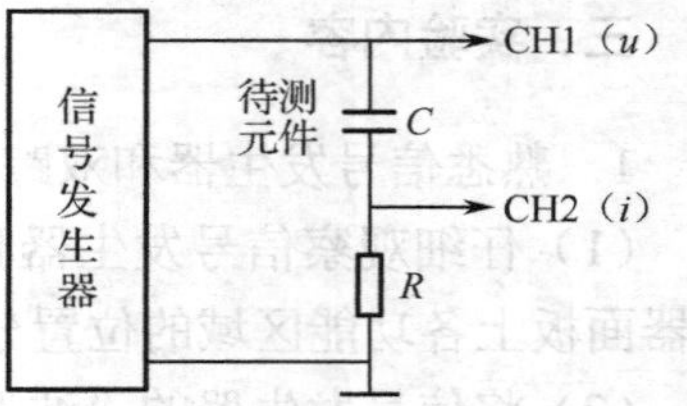

图 5-20 *RC* 串联电路的相位关系测量

利用电路参数求相位差 φ 的理论值，并计算相对误差，记入表 5-2 中。

（2）观测 RL 串联电路的电压与电流之间的相位关系

将图 5-20 中的待测元件换为电感线圈（3000 匝空心线圈），观测电路中电压和电流相位关系，数据分别记入表 5-2 中，并描绘其波形。（计算时要考虑电感线圈的内阻）。

表 5-2 电压与电流之间的相位关系

项目		RC 串联电路		RL 串联电路	
	频率（Hz）	f/2 =	f=	f/2 =	f=
实物测量	波形周期 T（ms）				
	相位差 Δt（ms）				
	相位差 φ（度）				
	相位关系				
理论计算	相位差 φ（度）				
	相对误差				

五、实验注意事项

1. 调节电子仪器各旋钮时，动作不要过猛。实验前，了解双踪示波器的使用说明，特别是观察双踪波形时，要特别注意旋钮的操作与调节。

2. 为防止外界干扰信号影响测量的准确性，信号发生器的接地端与示波器的接地端要连接在一起（称共地）。

六、仿真实验

1. 用 Multisim 软件建立如图 5-21 所示的电路，XFG1 是函数信号发生器（仪器仪表库的 Function generator），设置为正弦波，输出电压幅值 Amplitude 为 2.12V，即有效值为 1.5V，频率为 500Hz；XSC1 是示波器（仪器仪表库的 Oscilloscope）。

2. 分别对示波器 XSC1 时间轴 Timebase 的比例 Scale 部分和通道 Channel A 的比例 Scale 进行设置，使示波器窗口出现最多 2 个周期的清晰波形，然后开启仿真用波形记录仪 Grapher 读出实验数据，详见 2.2 节信号波形测量部分，继续完成表 5-1 测量和数据记录。

3. 建立如图 5-22 所示的电路，参数参照实物实验第 4 部分内容，对信号源、示波器进行设置，使示波器窗口出现最多 2 个周期的清晰波形，按照 5.1 节的方法测量出两个波形之间的相位差。

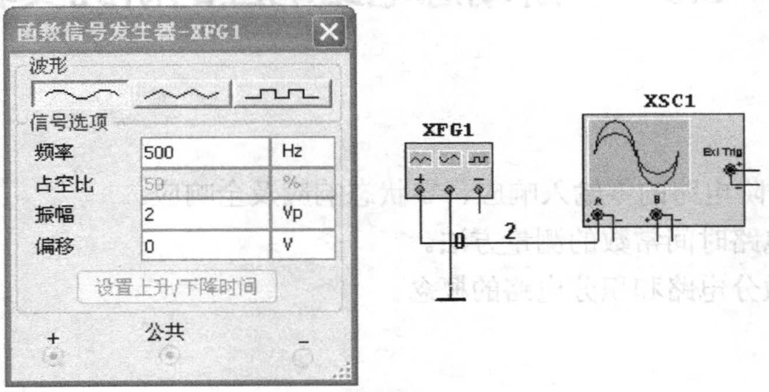

图 5-21　典型电信号的仿真

4．按实验要求逐项完成实验数据测量。

七、预习与思考

1．参看第 7 章中关于双踪示波器与信号发生器的简介。了解仪器面板各旋钮的功能。按实验说明，预选数据表中各旋钮按键位置及各开关挡位。

2．复习电阻、电感、电容单一参数的交流电路的电压、电流的瞬时变化，$u(t)$ 、$i(t)$ 波形，并分析其相位差。

3．计算表 5-2 中的相位差理论值。当信号频率升高时，相位差有无改变？增大或减小？本实验的电感线圈，应考虑其内阻的影响。

4．回答以下问题，若示波器观察正弦交流信号时，出现以下情况应如何调整面板旋钮，使波形正常：

（1）屏幕出现的波形垂直幅度太小；

（2）屏幕只有一条水平亮线。

八、总结要求

1．总结用示波器测量电信号波形的频率与有效值的方法及其注意事项。

2．用坐标纸绘制各步骤观测的 $u(t)$ 、$i(t)$ 波形，标明波形参数，标出相位差。

3．分析各步骤观测的相位差，得出相应结论。

4．总结信号发生器与示波器使用操作心得体会。

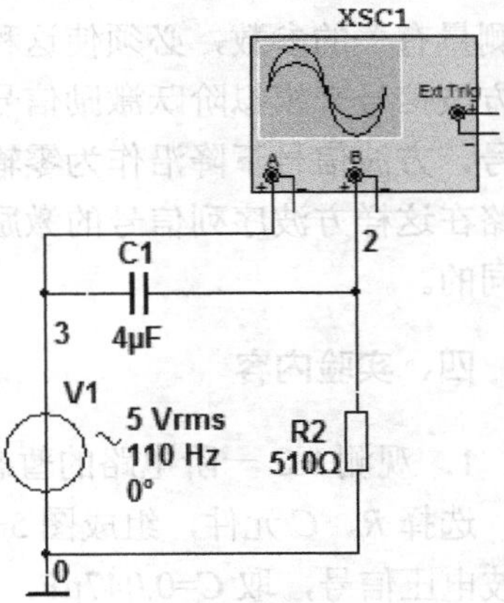

图 5-22　信号相位差的仿真测试

5.6　一阶动态电路响应的研究实验

一、实验目的

1．测定 RC 一阶电路的零输入响应、零状态响应及全响应。

2．学习动态电路时间常数的测量方法。

3．掌握有关微分电路和积分电路的概念。

二、实验设备

设备名称	型号规格	数量	备注
函数信号发生器			
双踪示波器			
电路实验元件箱			
计算机、软件			

三、实验说明

动态网络的过渡过程是十分短暂的单次变化过程，要用一般的双踪示波器观察过渡过程和测量有关的参数，必须使这种单次变化的过程重复出现。为此，我们利用信号发生器输出的方波信号来模拟阶跃激励信号，即令方波信号输出的上升沿作为零状态响应的正阶跃激励信号，方波信号下降沿作为零输入响应的负阶跃激励信号。只要适当选择方波信号的频率，电路在这样方波序列信号的激励下，它的影响和直流电源接通、断开电路的过渡过程是基本相同的。

四、实验内容

1．观测 RC 一阶电路的暂态过程及时间常数的测定

选择 R、C 元件，组成图 5-23 所示的 RC 一阶电路，信号发生器输出 U_S=3V、f=1kHz 的方波电压信号，取 C=0.047μF，R=800+40×学号最后两位（Ω）=________（Ω）。

通过示波器的两个输入口 CH1 和 CH2，观察激励源信号 u_S 和响应 u_C 的波形，并描绘波形。观察响应的变化规律，求时间常数 τ。

改变电阻值，定性地观察时间常数 τ 对响应 u_C 的影响，记录观察到的现象。

2．观察 RC 积分电路的波形

在图 5-23 所示的 RC 一阶电路中，取 R=4kΩ，C=0.22μF，观察并描绘激励源信号 u_S 和响应 u_C 的波形。继续增大 R 值，定性地观察对响应 u_C 的影响。

3．观察 RC 微分电路的波形

选择 R、C 元件，组成如图 5-24 所示的微分电路，信号发生器输出 U_S=3V、f=1kHz 的方波电压信号，取 R=100Ω，C=0.22μF。观察并描绘激励源信号 u_S 和响应 u_R 的波形。

增减 R 值，定性地观察对响应 u_R 的影响，并作记录。

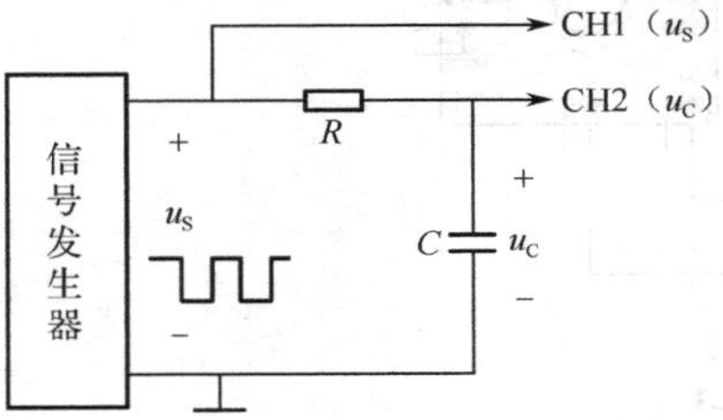

图 5-23　RC 一阶电路

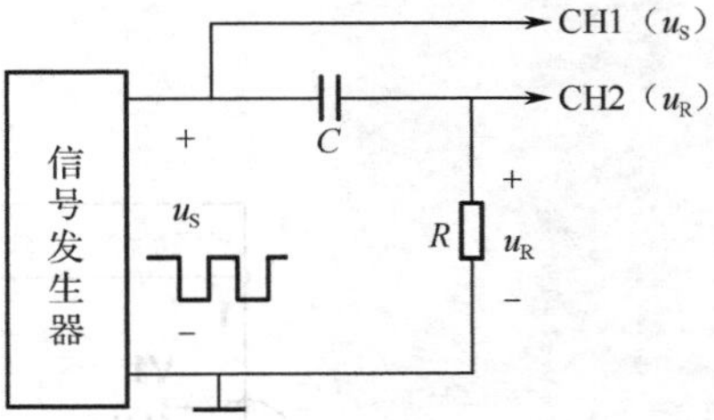

图 5-24　RC 微分电路

4．观测 RL 一阶电路的暂态过程及时间常数的测定

用电感 L 替换图 5-24 中的电容 C，组成 RL 一阶电路。信号发生器输出 U_S=3V、f=500Hz 的方波电压信号，L 用 3000 匝空心线圈，R=800+40×学号最后两位（Ω）=________（Ω）。

通过示波器的两个输入口 CH1 和 CH2，观察激励源信号 u_S 和响应 $i_L(u_R)$的波形，并描绘波形。观察响应的变化规律，求时间常数 τ。

改变电阻值，定性地观察时间常数 τ 对响应 u_C 的影响，记录观察到的现象。

五、实验注意事项

1．调节电子仪器各旋钮时，动作不要过猛。特别是观察双踪信号时，要特别注意旋钮的操作与调节。

2．信号源的接地端与示波器的接地端要连在一起（称共地），以防外界干扰而影响测量的准确性。

六、仿真实验

1．用 Multisim 软件建立如图 5-25 所示的电路，V1 是时钟电压源（信号源库 Sources/SIGNAL_VOLTAGE_SOURCE 系列的 CLOCK_VOLTAGE），设置其频率为 1kHz，电压为 3V；XSC1 是示波器（仪器仪表库的 Oscilloscope）。其他元件的参数设置参照实物实验内容。

2．开启仿真，双击图中的示波器，调节出合适波形并进行观察。

3．按要求逐步完成实验数据测量及其他内容的实验。

七、预习与思考

1．预习函数信号发生器、双踪示波器的使用与操作。预习 RC 一阶暂态过程的内容。

2．用示波器观察 RC 一阶电路零输入响应和零状态响应时，为什么激励采用方波信号？

3．计算时间常数 τ。在 RC、RL 一阶电路中，当 R、C、L 的数值变化时，对电路的响应有何影响？

4．何谓积分电路和微分电路，它们必须具备什么条件？它们在方波激励下，其输出信号波形的变化规律如何？这两种电路有何功能？

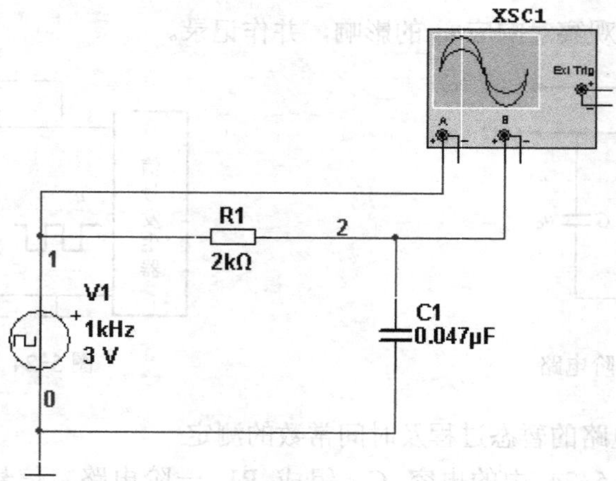

图 5-25　RC 一阶电路的仿真

八、总结要求

1．根据实验观察结果，在坐标纸上绘出一阶电路激励源信号和响应的波形，标注有关数据。由波形曲线测得 τ 值，并与理论计算结果作比较，并求相对误差，分析误差原因。

2．通过实验观察，分析 τ 与电路参数的关系。

3．根据实验观察结果，归纳总结积分电路和微分电路的形成条件，阐明波形变换的特征。

5.7　二阶动态电路响应的研究实验

一、实验目的

1．学习用实验的方法来研究二阶动态电路的响应，了解电路参数对响应的影响。

2．观察、分析二阶动态电路在过阻尼、临界阻尼和欠阻尼 3 种情况下的响应波形及其特点，加深对二阶动态电路响应的认识与理解。

3．学习用示波器测量二阶动态电路欠阻尼情况下的阻尼系数和衰减振荡的角频率，了解电路参数对它们的影响。

二、实验设备

设备名称	型号规格	数量	备注
函数信号发生器			
双踪示波器			
电路实验元件箱			
计算机、软件			

三、实验内容

图 5-26 所示的 RLC 串联二阶电路，用双踪示波器观察激励源信号 u_S 和响应 u_R 的波形（即电流 i 波形）。调节信号发生器输出 U=5V，f=1kHz 的方波信号，R 为可调电阻。

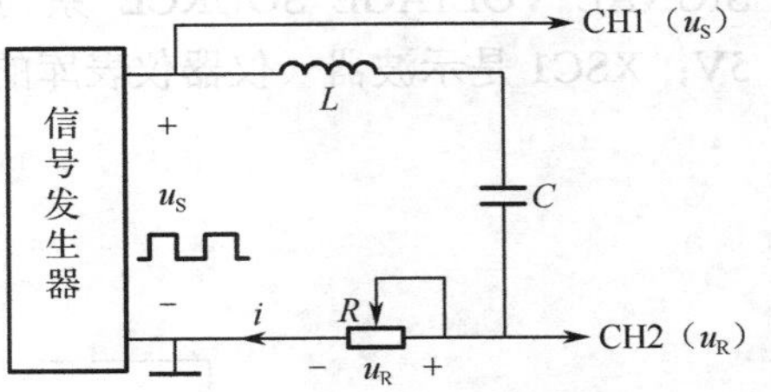

图 5-26　RLC 串联二阶电路

1．调节可变电阻 R 值，观察二阶电路的零输入响应和零状态响应由过阻尼过渡到临界阻尼，最后过渡到欠阻尼的过渡过程，观察波形变化。

2．选择可变电阻 R 值，使示波器荧光屏上呈现稳定的二阶电路过阻尼、临界阻尼和欠阻尼的过渡过程波形，分别定性地描绘、记录响应的典型变化波形，并标注主要点位的数值。

3．欠阻尼响应时，按表 5-3 给定的 L 、C 参数值，选择 R 值，定量测算电路的衰减常数 α 和振荡角频率 ω_d，记入表 5-3 中。

表 5-3　欠阻尼响应时衰减常数和振荡角频率的测量数据

序号	元件参数			测量值			测量计算值		理论计算值	
	R（Ω）	L（mH）	C（μF）	u_{R1m}（V）	u_{R2m}（V）	T_d（s）	α(1/s)	ω_d(rad/s)	α(1/s)	ω_d(rad/s)
1	R_1=	L_1=10	C_1=0.01							
2		L_2=30	C_1=0.01							
3		L_1=10	C_2=0.047							
4	R_2=	L_1=10	C_1=0.01							

4．欠阻尼响应时，由表 5-3 的计算值，分析电路参数改变时，衰减常数 α 和振荡角频率 ω_d 的变化趋势，记入表 5-4 中。

表 5-4　欠阻尼响应时电路参数对衰减常数和振荡角频率的影响

电路参数	衰减常数和振荡角频率的变化趋势
L、C 不变，R 增大	
R、C 不变，L 增大	
R、L 不变，C 增大	

四、实验注意事项

1．调节 R 时，要细心、缓慢，临界阻尼电阻值要找准。

2．观察双踪信号时，波形显示要稳定。

五、仿真实验

1．用 Multisim 软件建立如图 5-27 所示的电路，V1 是时钟电压源（信号源库 Sources/

SIGNAL_VOLTAGE_SOURCE 系列的 CLOCK_VOLTAGE），设置其频率为 1kHz，电压为 5V；XSC1 是示波器（仪器仪表库的 Oscilloscope）。其他元件参数设置参照实物实验内容。

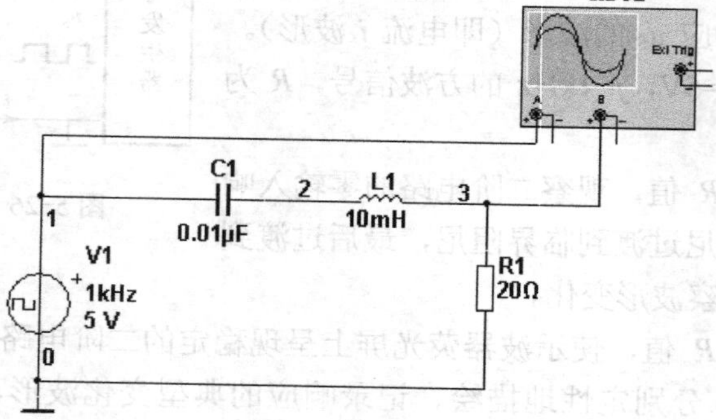

图 5-27　二阶电路的仿真

2．开启仿真，双击图中的示波器，调节出合适波形。

3．按实验内容要求逐步完成实验数据测量。

六、预习与思考

1．根据二阶电路实验电路元件的参数，计算出处于临界阻尼状态的 R 值。

2．在示波器荧光屏上，如何测得二阶电路零输入响应欠阻尼状态的衰减常数 α 和振荡频率 ω_d？

七、总结要求

1．根据观测结果，描绘二阶电路过阻尼、临界阻尼和欠阻尼的响应波形，并标注主要点位的数值。

2．根据表 5-3 的计算值，计算 α 与 ω_d 的相对误差。

3．归纳、总结电路元件参数的改变，对响应变化趋势的影响。

4．心得体会及其他。

5.8　线性无源二端口网络的研究实验

一、实验目的

1．掌握二端口网络参数的测量技术，加深对二端口网络基本理论的理解。

2．研究纯电阻二端口网络的 T 形等效电路。

二、实验设备

实验设备表格自拟。

三、实验任务

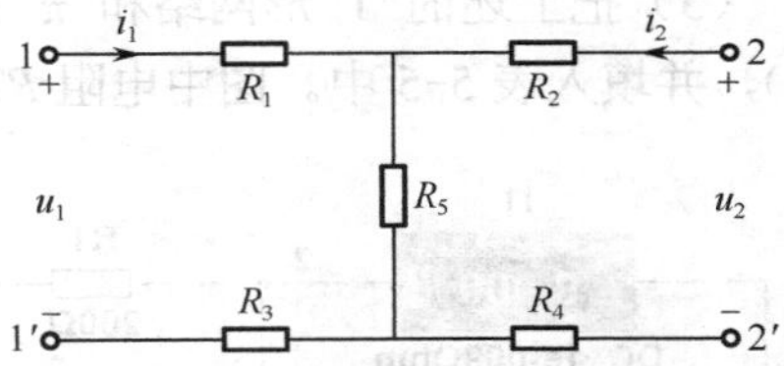

图 5-28　线性无源二端口网络实验线路

1．通过开路和短路，测定图 5-28 线性无源二端口网络的 Z 阻抗参数、Y 导纳参数、T 转输参数及 H 混合参数。

2．根据 T 转输参数作出 T 型等效电路。

3．由 T 型等效电路测定其转输参数，并同原网络传输参数比较。

（选定实验参数、编写实验步骤及数据表格）。

四、仿真实验

1．测量 T 参数及输入阻抗

（1）用 Multisim 软件创建如图 5-29 所示 T 形网络。I1、I2 是电流表，U1、U2 是电压表，其方向参考图 5-28；S1 是单刀单掷开关（基本器件库 Basic/SWITCH 系列的 SPST），可按空格键“Space”切换输出端的开路和短路。开启仿真，测定传输参数（T 参数），填入表 5-5 中。图中电阻 $R2$=100+40×学号的最后两位（Ω）= ________（Ω）。

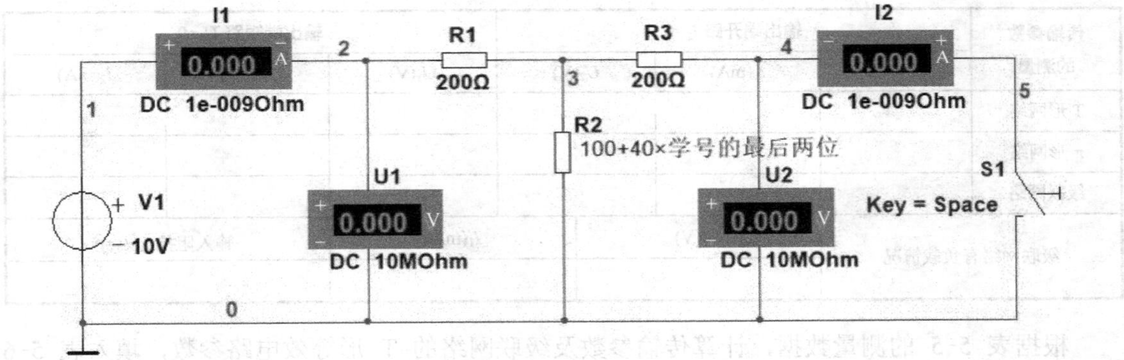

图 5-29　T 形网络测试电路

（2）创建一个 π 形网络如图 5-30 所示。开启仿真，测定传输参数（T 参数），填入表 5-5 中。图中电阻 $R5$=100+40×学号的最后两位（Ω）= ________（Ω）。

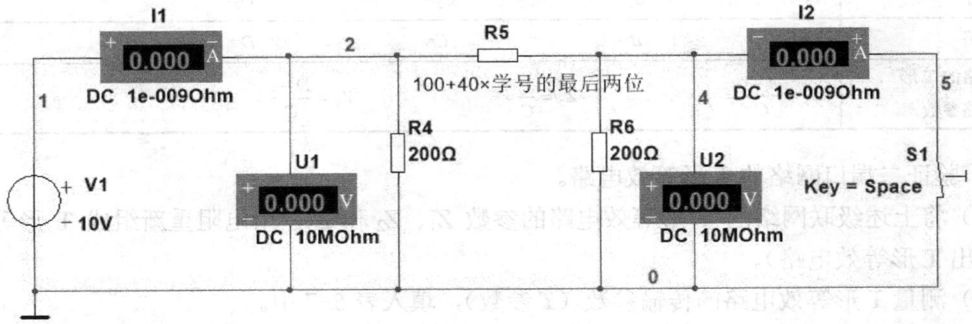

图 5-30　π 形网络测试电路

（3）把上述的 T 形网络和 π 形网络级联起来如图 5-31 所示，再测定传输参数（*T* 参数），并填入表 5-5 中。图中电阻 *R*2= *R*5=100+40×学号的最后两位（Ω）=________（Ω）。

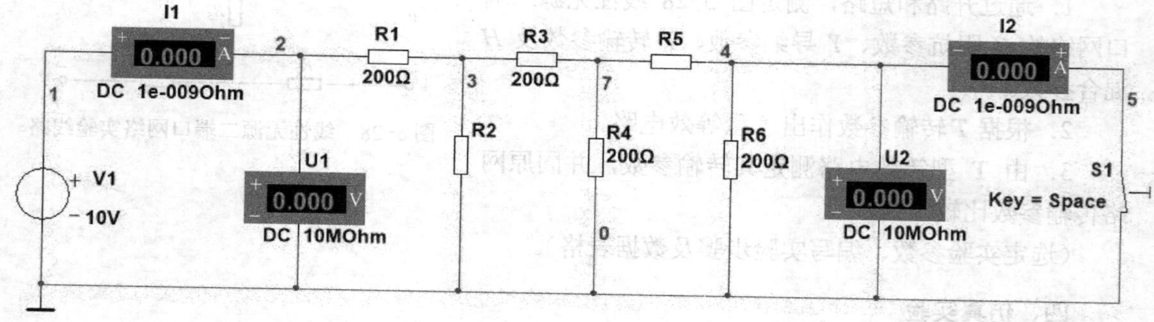

图 5-31　T 形网络和 Π 形网络级联测试电路

（4）将图 5-31 级联网络的 S1 开关替换成负载电阻 *R*=1kΩ，测定该级联网络在有负载情况下的输入阻抗，数据填入表 5-5 中。

表 5-5　二端口网络的测量数据

传输参数的测量	输出端开路 I_2=0			输出端短路 U_2=0		
	U_1(V)	I_1(mA)	U_2(V)	U_1(V)	I_1(mA)	I_2(mA)
T 形网络						
π 形网络						
级联网络						
级联网络有负载情况	U_1(V)		I_1(mA)		输入阻抗 Z_{in}(Ω)	

根据表 5-5 的测量数据，计算传输参数及级联网络的 T 形等效电路参数，填入表 5-6 中。

表 5-6　传输参数及等效电路参数的计算

T 形网络	A_1=	B_1=	C_1=	D_1=
π 形网络	A_2=	B_2=	C_2=	D_2=
级联网络	A=	B=	C=	D=
级联网络的 T 形等效电路参数	$Z_1=\dfrac{A-1}{C}=$	$Z_2=\dfrac{1}{C}=$	$Z_3=\dfrac{D-1}{C}=$	

2．验证二端口网络的 T 形等效电路。

（1）将上述级联网络的 T 形等效电路的参数 Z_1、Z_2 和 Z_3，用电阻重新组成 T 形等效电路（画出 T 形等效电路）。

（2）测量 T 形等效电路的传输参数（*T* 参数），填入表 5-7 中。

（3）在 T 形等效电路的 U_2 端，接上负载电阻 *R*=1kΩ，测定在负载情况下的输入阻抗，数据填入表 5-7 中。

表 5-7　级联网络的 T 形等效电路测量数据

<table>
<tr><td colspan="6">输出端开路 I2=0</td><td colspan="6">输出端短路 U_2=0</td></tr>
<tr><td colspan="2">U_1(V)</td><td colspan="2">I_1(mA)</td><td colspan="2">U_2(V)</td><td colspan="2">U_1(V)</td><td colspan="2">I_2(mA)</td><td colspan="2">I_1(mA)</td></tr>
<tr><td colspan="2"></td><td colspan="2"></td><td colspan="2"></td><td colspan="2"></td><td colspan="2"></td><td colspan="2"></td></tr>
<tr><td colspan="2">计　算</td><td colspan="10">A=　　B=　　C=　　D=</td></tr>
<tr><td colspan="3" rowspan="2">有负载情况下
的输入阻抗</td><td colspan="3">U_1(V)</td><td colspan="3">I_1(mA)</td><td colspan="3">Z_{in}(Ω)</td></tr>
<tr><td colspan="3"></td><td colspan="3"></td><td colspan="3"></td></tr>
</table>

五、预习要求

1．复习二端口网络传输参数的实验测定方法。

2．编写实验步骤、实验线路图、实验设备及数据表格。

六、总结要求

1．根据测试数据，求出各传输参数、等效 T 型电路、得出相应结论。

2．验证级联后等效二端口网络的传输参数，与级联的两个二端口网络的传输参数之间的关系。

3．总结、归纳二端口网络的测试技术。

第 6 章 变压器与电动机实验

6.1 变压器

变压器（Transformer）是利用电磁感应的原理来改变交流电压的装置，主要构件是初级线圈、次级线圈和铁心，主要功能有：电压变换、电流变换、阻抗变换等。按用途可以分为：电力变压器和特殊变压器（整流变压器、工频试验变压器、调压器、仪用变压器、电子变压器、电抗器、互感器等）。

1．变压器构造及工作原理

如图 6-1 所示，变压器由铁心和线圈组成，线圈有两个或两个以上的绕组，其中接电源的绕组叫一次绕组（俗称原绕组或初级绕组），其余的绕组叫二次绕组（俗称副绕组或次级绕组），它可以变换交流电压、电流和阻抗。

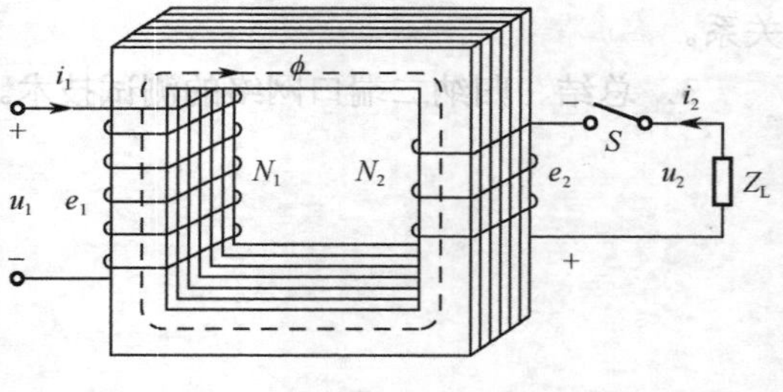

图 6-1 变压器的工作原理图

变压器是利用电磁感应原理制成的静止用电器。当变压器的一次绕组接在交流电源上时，铁心中便产生交变磁通ϕ。一次、二次绕组中的磁通ϕ是相同的，$\phi=\Phi_m\sin(\omega t)$。由法拉第电磁感应定律可知，一次、二次绕组中的感应电动势为 $e_1=-N_1\mathrm{d}\phi/\mathrm{d}t$、$e_2=-N_2\mathrm{d}\phi/\mathrm{d}t$，式中 N_1、N_2 为一次、二次绕组的匝数。由图可知 $u_1=-e_1$，$u_2=e_2$，其有效值为 $U_1=N_1\omega\Phi$、$U_2=N_2\omega\Phi$，令 $k=N_1/N_2$，称为变压器的变比。由上式可得 $U_1/U_2=N_1/N_2=k$，即变压器一次、二次绕组电压有效值之比，等于其匝数比。

在空载电流可以忽略的情况下，有 $I_1/ I_2=N_2/N_1=1/k$，即一次、二次绕组电流有效值大小与其匝数成反比。

2．变压器外特性的测定

随着变压器二次绕组电流 I_2 的增大，一、二次绕组阻抗上的压降将增大，因此，二次绕组输出电压 U_2 将略有变化。当电源电压 U_1 和负载功率因数 $\cos\varphi_2$ 不变时，U_2 随 I_2 的变化关系，即 $U_2= f(I_2)$，称为变压器的外特性，通常，U_2 随 I_2 的变化越小越好，从空载到额定负载，二次绕组输出电压的变化程度可用电压调整率来表示。即

$$\Delta U\%=\frac{U_{20}-U_2}{U_{20}}\times 100\% \tag{6-1}$$

变压器的电压调整率一般为（4~7）%。

3．变压器绕组的极性

有些变压器的一、二次绕组有多个绕组。通过多绕组的不同连接可以适应不同的电源电压和获得不同的输出电压。使用这种变压器时，首先必须确定绕组的同极性端（或同名端）。

同极性端的测定方法，详见 4.3 节中“同名端的实验判别”的内容。

6.2　三相笼型异步电动机的起动

三相异步电动机的起动：电动机接通电源后，从静止状态到稳定运行状态的过程称为起动过程。电动机直接起动（全压起动）时，起动瞬间，转子转速 $n=0$，转差率 $s=1$，转子导体中产生的感应电动势和感应电流都很大，电动机直接起动电流是额定电流的 4~7 倍。由于直接起动电流大，如果起动频繁，对电动机绕组及供电线路都会造成不良的影响。

三相笼型异步电动机的起动方法，主要有直接起动和降压起动。采用直接起动时，其设备简单、方便，但起动电流大，应用主要受电网容量的限制。一般情况下，7.5kW 以下的异步电动机常允许直接起动。

对于三相笼型异步电动机，减小起动电流的主要方法是降低电动机定子绕组的电压，称为降压起动。降压起动的目的是减小起动电流，但由于起动转矩与电源电压的平方成正比，所以在减小起动电流的同时，起动转矩也减小了。这说明降压起动方法都会使起动转矩降低，不能用于满负载起动，只适用于空载或轻载起动场合。这里介绍降压起动的两种方法。

1．定子绕组串电阻（抗）起动方法

起动时，在电动机定子电路中串接电阻或电抗，待电动机转速基本稳定时再将其从定子电路中切除，电动机作全电压运行。由于起动时，在串接电阻或电抗上降掉了一部分电压，所以加在电动机定子绕组上的电压就降低了，相应的起动电流也减小了。

这种起动方法的起动电流与降低了的电动机端电压（定子绕组电压）成正比，起动转矩与端电压的平方成正比。该起动方法的起动转矩，下降的比例更多。该起动方法的优点是起动电流冲击小、运行可靠、起动设备构造简单，缺点是起动时电能损耗较多。

2．星形-三角形（Y-△）换接起动

Y–△换接起动方法只适用于正常运行时定子绕组接成三角形的电动机，其每相绕组均引出两个出线端，三相共引出六个出线端。起动时，定子绕组接成星形，使定子每相绕组上的电压降为额定相电压的 $1/\sqrt{3}$，待转速上升到额定转速的（85～95）% 时，再将定子绕组接成三角形，使各相绕组以额定电压运行，如图 6–2 所示。

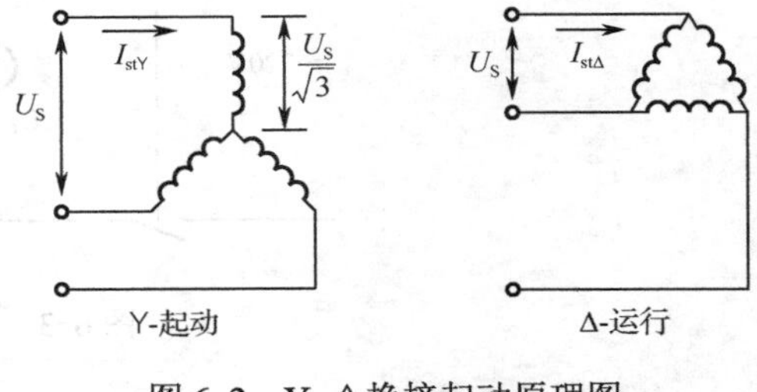

图 6–2　Y–△换接起动原理图

连接成星形时的起动电流只有连接成三角形直接起动时起动电流的 1/3。Y-△换接起动的优点是起动设备体积小、成本低、寿命长、检修方便、动作可靠。其缺点是起动电压只能降到全电压的$1/\sqrt{3}$，不能按不同的负载选择不同的起动电压。由于起动转矩与电源电压的平方成正比，这种起动方法的起动转矩也只有直接起动时起动转矩的 1/3。因此， Y-△换接起动方法只适用于空载或轻载起动。

6.3　单相变压器的负载实验

一、实验目的

1．了解变压器的构造、熟悉变压器的主要铭牌数据。
2．掌握变压器外特性的测定方法。
3．掌握钳型电流表的使用。
4．掌握变压器同名端的判断方法。

二、实验设备

设备名称	型号规格	数量	备注
单相变压器			
交流电流表			
交流电压表			
可调负载电阻箱			
钳型电流表			

三、实验内容及步骤

1．空载实验

按图 6-3 接线，注意仪表量程的正确选择，线路检查无误后将开关 QS_2 放在断开位置。合上电源开关 QS_1，测量 U_1、U_2 及变压器一次侧的空载电流 I_0，数据记录于表 6-1 中，并计算空载时的变压比 k 值。

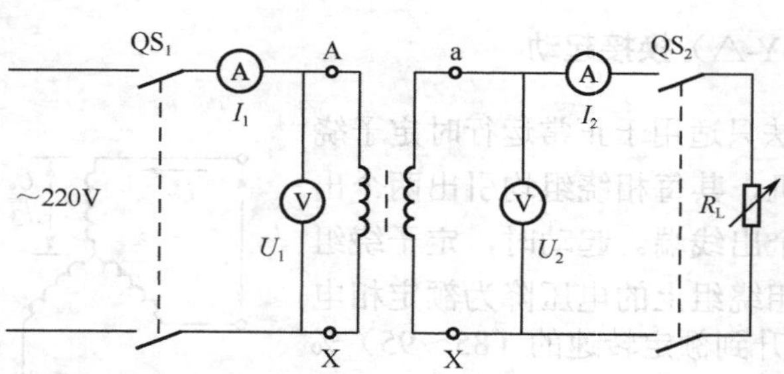

图 6-3　单相变压器实验线路图

表 6-1　单相变压器的空载实验数据

U_1（V）	U_{20}（V）	I_0（A）	k（U_1/U_2）

2．负载实验

将负载电阻 R_L 调节到阻值最大位置，然后将开关 QS_2 闭合，调节负载电阻 R_L 的阻值使变压器二次侧电流达到半载（$I_2=I_{2N}/2$）附近，测量 U_1、U_2、I_1、I_2 数据并记录于表 6-2 中，然后继续调节负载电阻 R_L 使变压器二次侧电流达到满载（$I_2=I_{2N}$）附近，测量并记录数据于表 6-2 中，并计算变流比 I_1/I_2 及变压比 U_1/U_2。

表 6-2　单相变压器的负载实验数据

测量 / 负载	I_1（A）	I_2（A）	I_1/I_2	U_1（V）	U_2（V）	U_1/U_2
半载						
满载						

3．测单相变压器的外特性曲线

将 R_L 阻值调到最大位置，闭合电源开关 QS_1，然后合上开关 QS_2，逐渐减小负载电阻 R_L 的阻值，使变压器二次侧电流 I_2 的值增加到 I_{2N} 附近，即可开始测量数据。逐渐减小 I_2 值（即增大负载电阻 R_L 阻值），分 4~6 个点测取变压器二次侧电压 U_2 和二次侧电流 I_2 的数据于表 6-3 中，描绘出特性曲线，直观的认识 U_2 随 I_2 的变化关系。

表 6-3　单相变压器的外特性曲线测量数据

U_2（V）							
I_2（A）							0

4．钳型电流表的使用

选择钳型电流表的合适量程，用钳型电流表测量负载电流，学习钳型电流表的使用。

5．变压器一、二次侧同名端的判断

断开图 6.3 中的开关 QS_2，将变压器的 X、x 两个端钮用一根导线短接，合上开关 QS_1，测量电压 U_{AX}、U_{ax}、U_{Aa} 的数值并记录于表 6-4 中，判断端钮 A 与 a 为同名端还是异名端。

表 6-4　变压器一、二次侧同名端的测量数据

U_{AX}（V）	U_{ax}（V）	U_{Aa}（V）	结　论

四、实验总结要求

1．如何测量空载电流？空载电流为什么越小越好？

2．绘制外特性曲线；

3．分析 I_1/I_2 与 k 变比的关系，变比是否会随着负载的变化而变化？

4．如何判断变压器的同名端。

6.4 三相笼型异步电动机的起动实验

一、实验目的

1．掌握三相笼型异步电动机主要起动方法，能进行正确的接线和操作，进一步掌握降压起动在机床控制中的应用。

2．了解不同降压起动控制方式时电流和起动转矩的差别。

3．分析比较三相笼型异步电动机各种起动方法的特点和适用场合

二、实验设备

设备名称	型号规格	数量	备注
THHDZ-3 大功率电机综合实验装置			
机组：三相笼型异步电机+直流发电机			
HDZ61 继电接触控制（一）			
三相可调负载电阻箱			

三、实验内容及步骤

1．接触器控制定子回路串电阻降压起动

将综合实验装置上的三相可调电压调至线电压 380V，按下屏上的“停止”按钮。按图 6-4 接线，图中 FR_1、SB_1、SB_2、SB_3、KM_1、KM_2、FU_1、FU_2、FU_3、FU_4、Q_1 选用 HDZ61 挂件，R 用三相可调负载电阻箱上的电阻，安培表用控制屏仪表主面板上的一只数/模双显真有效值交流电流表 20A 挡，电动机用机组上的三相笼型异步电动机。

（1）按下综合实验装置屏上的“启动”按钮，合上 Q_1 开关，接通 380V 交流电源。

（2）按下起动按钮 SB_1，观察并记录电动机串电阻起动时的运行情况，记录降压起动时电流表最大读数于表 6-5 中。

（3）再按下按钮 SB_2，切除电阻，观察并记录电动机全压运行情况，记录运行时电流表读数于表 6-5 中。

（4）按下停止 SB_3，使电动机停转后，按住 SB_2 不放，再同时按 SB_1，观察并记录全压起动时电动机和接触器运行情况，记录全压起动时电流表最大读数于表 6-5 中。

注意：① 每步实验测量记录三组数据，取平均值。

② 每次重新测量记录数据时，都必须等电动机完全停止转动后再开始。

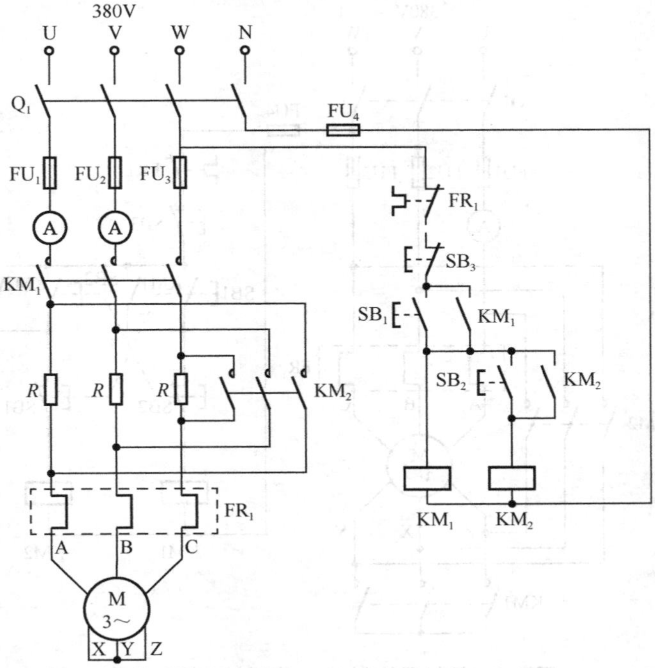

图 6-4　接触器控制定子回路串电阻降压起动控制线路

表 6-5　定子回路串电阻降压起动的测量数据

测量 / 起动方法	I_{st}（A）			I_{st}（A）	I（全压运行）（A）	$\frac{I_{st串电阻}}{I_{st全压}}$
	1	2	3			
串电阻降压起动						
直接起动						

2．接触器控制 Y-△降压起动

先将综合实验装置上的三相交流调压输出调至 220V，关断电源后，按图 6-5 接线。图中 FR_1、SB_1、SB_2、SB_3、KM_1、KM_2、FU_1、FU_2、FU_3、FU_4、Q_1 选用 HDZ61 挂件，安培表用仪表主面板上的一只数模双显真有效值交流电流表 20A 挡，电动机用机组上的三相笼型异步电动机。

（1）按下综合实验装置屏上的“启动”按钮，合上开关 Q_1，接通 220V 交流电源。

（2）按下 SB1，电动机作 Y 接法降压起动，注意观察起动时电流表最大读数并记录于表 6-6 中。

（3）按下 SB2，使电动机换接为△接法正常运行，记录△运行时电流表读数于表 6-6 中。

（4）按下 SB3，待电动机完全停止后，再按下 SB2，观察电动机在△接法直接起动时电流表最大读数并记录于表 6-6 中。

注意：① 每步实验测量记录三组数据，取平均值。

② 每次重新测量记录数据时，都必须等电机完全停止转动后再开始。

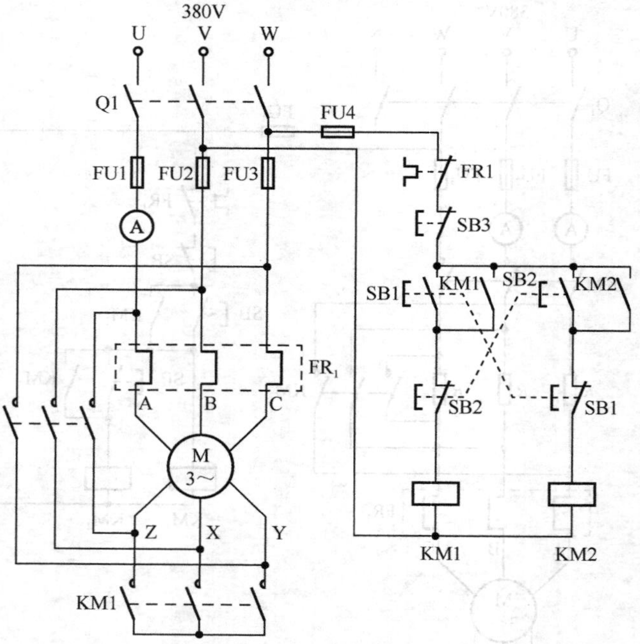

图 6-5　接触器控制 Y-Δ 降压起动控制线路

表 6-6　定子回路串电阻降压起动的测量数据

测量 / 起动方法	I_{st}（A） 1	2	3	I_{st}（A）（平均值）	I（△运行）（A）	$\frac{I_{stY}}{I_{st\Delta}}$
Y 接降压起动						
△接直接起动						

四、预习要求

1．复习相关的电动机及控制知识。

2．阅读第 7 章中的有关内容。

五、实验总结要求

1．画出图 6-4、6-5 的工作原理流程图。

2．采用 Y-△降压起动的方法时对电动机有何要求？

3．降压起动的最终目的是控制什么物理量？

4．试比较起动的电流比值，分析差异原因。

第 7 章　常用仪器设备及器件的使用知识

7.1　电路实验元件箱

电路实验元件箱的面板如图 7-1 所示，它包含了一定数量的固定电阻、电容、电感，可调电阻、电容、电感，以及二极管非线性元件等，参数值见表 7-1，可组合使用，满足电路实验的需求。

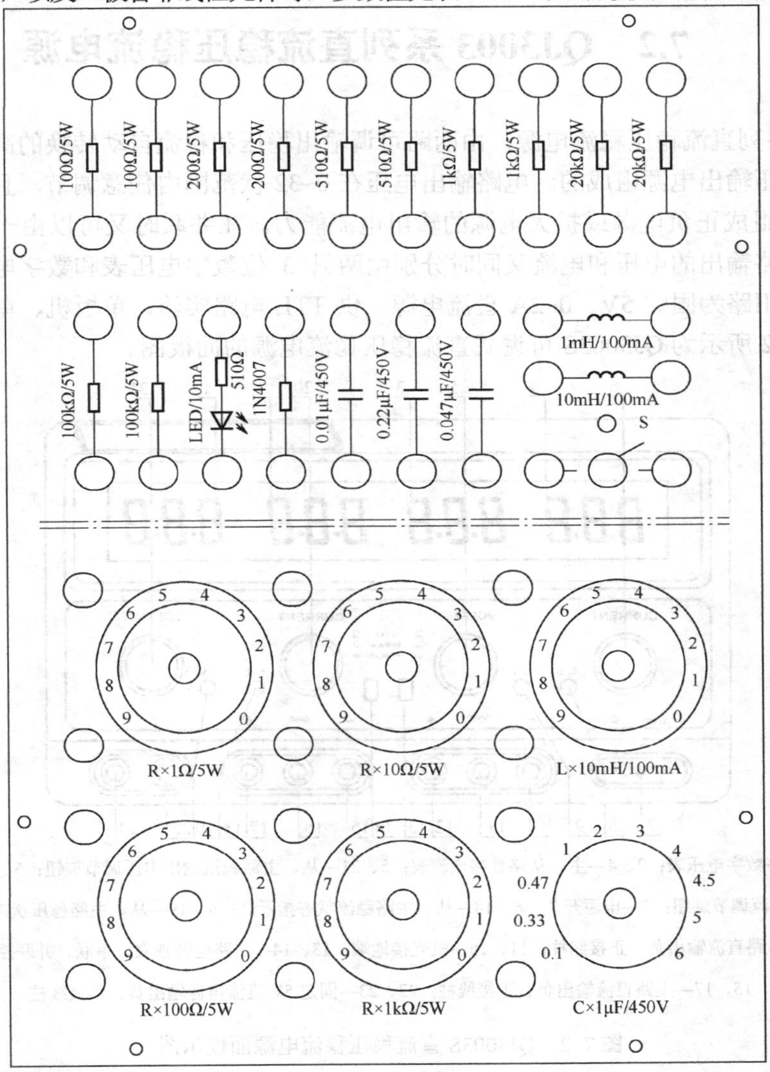

图 7-1　电路实验元件箱的面板图

在设计电路时，应核算所使用的元件，保证其电流、电压及功率没有超过额定值。

表 7-1　电路实验元件箱参数

电阻	100Ω、200Ω、510Ω、1kΩ、20kΩ、100kΩ/5W，各 2 个
可调电阻	0～9999Ω/5W，1 个
电容	0.01μF、0.047μF、0.22μF/450V，各 1 个
可调电容	0.1μF、0.33μF、0.47μF、1μF、2μF、3μF、4μF、4.5μF、5μF、6μF/450V，各 1 个
电感	1mH、10mH/100mA，各 1 个
可调电感	(0～9)×10mH/100mA，1 个
二极管	LED：红色，100mA，1 个（串联 510Ω 电阻）；1N4007（1A/1000V），1 个

7.2　QJ3003 系列直流稳压稳流电源

QJ3003 系列直流稳压稳流电源，由两路可调输出稳压和稳流自动转换的高精度直流电源和一路固定电压输出电源组成的。电路输出电压在 0~32 伏范围内任意调节，且限流保护点也可任意选择，组成正负电源或扩大电源的输出电流能力。在并联时又可以由一路主电源进行电压跟踪。每路输出的电压和电流又同时分别由两只 3 位数字电压表和数字电流表指示，指示准确直观。Ⅲ路为固定 5V、0~2A 直流电源，供 TTL 电路实验，单板机、单片机电源、安全可靠。图 7-2 所示为 QJ3003S 可调式直流稳压稳流电源的面板图。

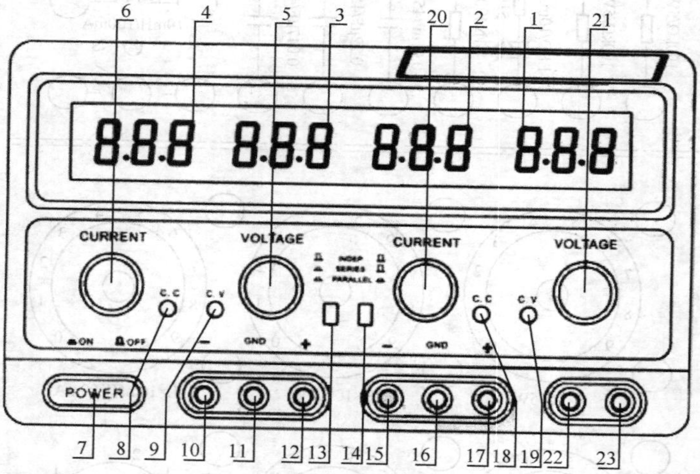

1、3—主、从路数字电压表；2、4—主、从路数字电流表；5、21—从、主路稳压输出电压调节旋钮；6、20—从、主路稳流输出电流调节旋钮；7—电源开关；8、18—从、主路稳流状态指示灯；9、19—从、主路稳压状态指示灯；10、12—从路直流输出负、正接线柱；11、16—机壳接地端；13、14—二路电源独立、串联、并联控制开关；15、17—主路直流输出负、正接线柱；22、23—固定 5V 直流电源输出负、正接线柱

图 7-2　QJ3003S 直流稳压稳流电源面板示图

1．双路电源独立使用

（1）可调电源作稳压源使用时，首先将稳流调节旋钮⑥和⑳顺时针调至最大，然后打开电源开关⑦，并调节电压调节旋钮⑤和㉑使从路和主路输出直流电压至需要的电压值，此时稳压状态指示灯⑨和⑲发光。

（2）可调电源作稳流源使用时，在打开电流开关⑦后，先将稳压调节旋钮⑤和㉑顺时钮调至最大，同时将稳流调节旋钮⑥和⑳反时针调至最小，然后接上所需负载，再顺时针调节稳流调节旋钮⑥和⑳使输出电流至所需要的稳定电流值。此时稳压状态指示灯⑨和⑲熄灭，稳流状态指示灯⑧和⑱发光。

（3）限流保护点的设置：打开电源，将稳流电流调节旋钮⑥和⑳顺时针调至最大，然后接上适当的可变负载电阻并调节负载电阻使输出电流等于限流保护点的电流值，此时分别调节稳流调节旋钮⑥和⑳，使稳流指示灯处于临界状态，这时限流保护点被设置好了。

2．双路可调电源串联使用

将开关⑬弹起，用一根粗短导线将接线柱⑫和⑮连接起来，此时可调节主、从电源电压调节旋钮(21)和⑤。接线柱⑩和⑰之间输出电压最高可达额定电压的 2 倍。在两路电源处于串联状态时，两路的输出电压调节仍然是独立的。

3．双路可调电源并联使用

将开关⑬按下，此时两路电源并联，调节主电源电压调节旋钮㉑，两路输出电压一样。在两路电源并联时，并联连接要使负载可靠地接在两路输出端子上，保证两路电源的输出电流平衡，否则可能会造成两路电源的输出电流不平衡，同时也有可能造成并联开关的损坏。

4．注意事项

（1）电源在使用过程中，因各种原因引起电源损坏时，输出端将有高于额定电压的电压输出，请在使用中注意。

（2）本电源在使用过程中，遇感性或容性负载（如永磁直流电机，高频发射设备），请在本机输出端接上相应电介电容器（4700μF/35V）

（3）本电源在调节电压范围中内部继电器有换挡声，属正常现象，可放心使用。

7.3　旋转式十进电阻箱

旋转式十进电阻箱是一种可调节的标准电阻设备，它是将若干标准电阻装置于一个箱中组成。电阻各级做成十进位的，各级均利用转换开关旋转变换得到不同数值的电阻。例如某型四级的电阻箱，其线路如图 7-3（a）所示，在相邻两点间接入一个电阻元件，共有 $R\times1$、$R\times10$、$R\times100$、$R\times1000$ 四级，其最大电阻值为 11110Ω。如图 7-3（b）所示线路，各级的电阻元件个数少，通过特殊转换开关变换线路，同样可得到所需的电阻值，其最大电阻值为

9999Ω。使用时只需旋转各级转换开关就可以在 a、b 端钮间取得所需的阻值，图中所取用的电阻值都为 3152Ω。

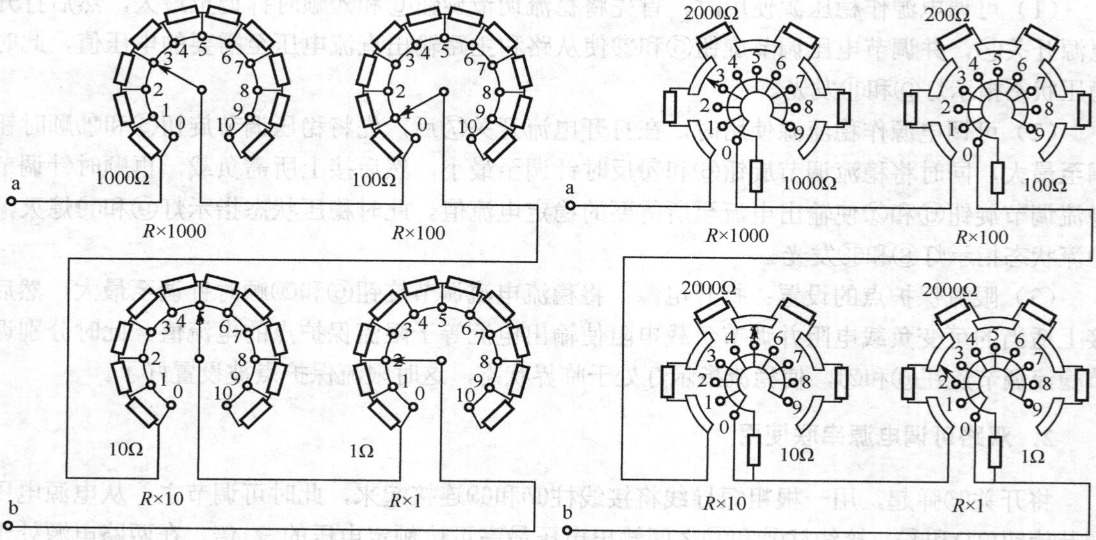

图 7-3 旋转式电阻箱的两种线路结构

通常十进电阻箱内每一个电阻元件的额定功率为 0.25W。因此可以计算出各级电阻的额定电流值。以图 7-3（a）线路结构为例，$R\times1$ 级各电阻值为 1Ω，故其额定电流 $I=\sqrt{\dfrac{P}{R}}=\sqrt{\dfrac{0.25}{1}}=0.5\text{A}$，同样可求得 $R\times10$ 级额定电流为 0.158A。使用时绝不允许通过的电流超过各级的额定电流值，否则电阻元件将被烧毁。

7.4 电流插头插座

在测量多条支路电流的实验时，有时难以提供多只电流表，因此必须借助于电流插头插座来实现用一只电流表测量多条支路的电流。实验时，先在需要测量电流的各支路中串联接入电流插座，电流表通过电流插头插入电流插座来读取电流读数，其原理如图 7-4 所示。当接有电流表的电流插头插入电流插座时，插头上的两铜片分别与插座上的两弹簧片（即触点）接触，电流表就串入电路测量电流；拔出插头时，插座上的两弹簧片自动接通，又可保持电路接通状态。

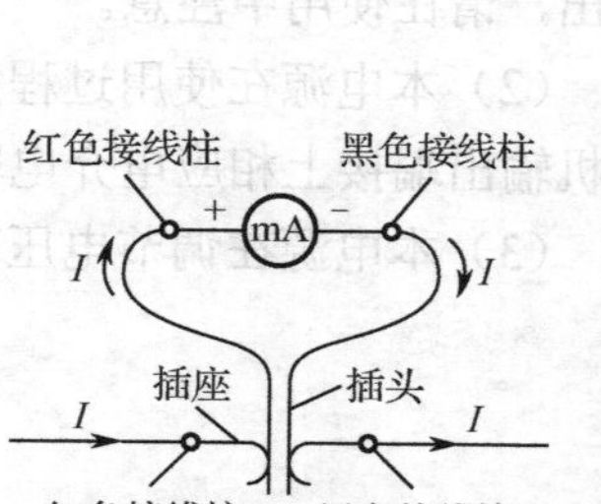

图 7-4 电流插头插座工作示意图

对于直流电路实验，实验时根据各支路的电流参考方向，注意接线柱的接线端钮极性不要接错，以免电流表的正负极性接错。

7.5　单相自耦调压器

自耦调压器具有滑动触点，旋动调压器顶部的旋转手柄时，滑动触点位置随之变动，从而改变二次侧的输出电压，如图 7-5 所示。接线板上 A、X 接线端钮为输入端，接 220V 交流电源，a、x 接线端钮为输出端，接负载。其输出电压可由 0V 调至 250V。

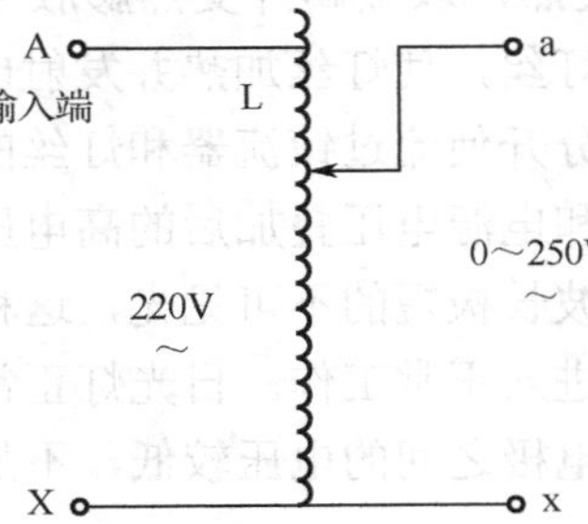

（a）原理电路图

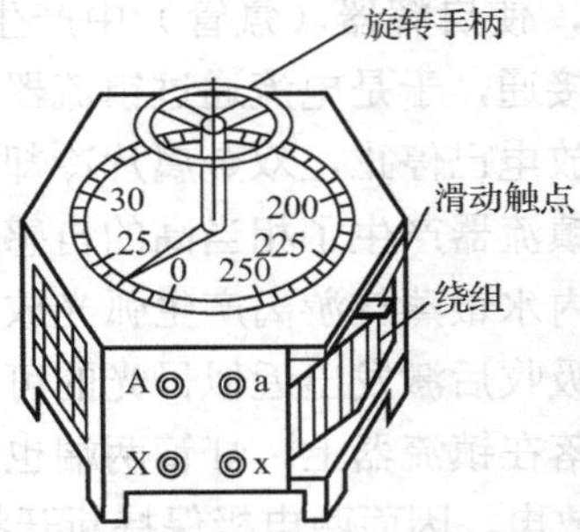

（b）结构示意图

图 7-5　单相自耦调压器

接线时，输入端和输出端不能颠倒，否则将造成电源短路或烧坏调压器事故。输入端的输入电压、输入电流均不得超过其额定值。这些额定值在铭牌上有标明。接线时还要注意将 A 端接电源相线，X 端接电源零线。由于输入端与输出端电气相连，使用时要注意安全。

实验开始时，调压器的转动手柄要旋到输出电压为零的位置上，即反时针方向旋至终端。在送上电源以后再旋转手柄（顺时针方向）逐渐提高输出电压到所需的数值。实验完毕，转动手柄仍须旋回零电压位置，以免发生意外事故。

7.6　可调电容箱

实验用的电容箱，是由 5 个额定电压为 400V 的电容器组合而成的可变电容箱，电容箱内部线路如图 7-6 所示。5 个电容器的标称电容量分别为 0.5μF，1μF，2μF，3μF，4μF，误差为±20%，其中 R 为放电电阻。a、b 为外部接线端钮，其最小电容量为 0.5μF，最大电容量为 10.5μF，由钮子开关 S_1～S_5 的通断来改变。图中所示为 2μF 与 4μF 两电容的开关 S_3、S_5 接通，故其电容量为 6μF。

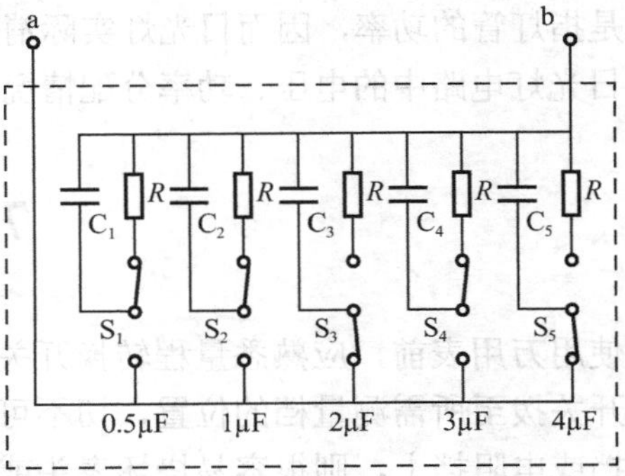

图 7-6　可调电容箱内部线路

7.7 日光灯电路

带普通镇流器的日光灯电路由灯管、镇流器（带铁心的电感线圈）及启辉器组成，其接线如图 7-7 所示，图 7-8 为启辉器的结构示意图。当电源（220V）刚接通时，由于启辉器中的固定电极与双金属片制成的 U 形可动电极处在断开状态，此时电源电压全部加在启辉器的两电极之间，使启辉器（氖管）中产生辉光放电而发热，双金属片受热膨胀导致两电极接触，将电路接通，于是电流通过镇流器和灯管两端的灯丝，使灯丝加热并发射电子，这时启辉器内辉光放电已停止，双金属片冷却缩回，两电极分开使流过镇流器和灯丝的电流中断。在此瞬间，镇流器产生了相当高的自感应电动势，它和电源电压叠加后的高电压加在灯管两端，使灯管内水银蒸气游离产生弧光放电，发出一种波长极短的不可见光，这种光被管内壁上的荧光粉吸收后激发出近似日光的可见光，日光灯进入正常工作。日光灯正常工作后，大部分电压降落在镇流器上，灯管两端也就是启辉器两电极之间的电压较低，不足以使启辉氖管发生辉光放电，因而两电极保持断开状态。

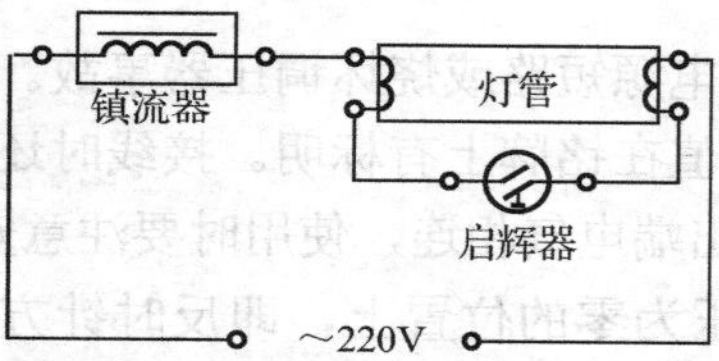

图 7-7 日光灯接线图

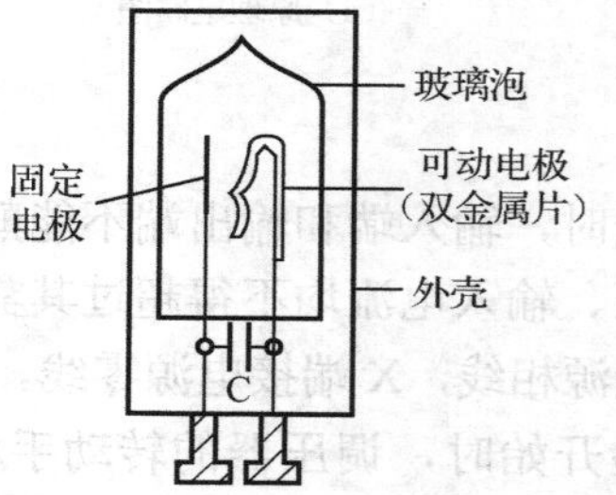

图 7-8 启辉器的结构示意图

日光灯工作时，镇流器起了限制电流的作用，大部分电压降在镇流器上。由于镇流器是一个具有铁心的电感线圈，所以日光灯电路可看成是一个电阻元件（灯管）和电感线圈串联的感性负载，其功率因数较低。

由于镇流器在通过交流电流时要消耗功率（包括线圈电阻和铁心损耗），而日光灯的额定功率是指灯管的功率，因而日光灯实际消耗的功率要大于额定功率。

日光灯电路中的电压、功率分配情况均可以通过实验手段直接测得。

7.8 万用表

使用万用表前，应熟悉量程转换开关的作用，明确要测量什么，怎样测量，然后将量程转换开关拨至所需测量档的位置，切不可弄错挡位。如测量电压时，误将量程转换开关拨至电流挡或电阻挡上，则很容易烧坏表头或内部元件。测量前要检查红、黑测试表笔是否插在正确位置，还要检查有无绝缘损坏而引起的漏电现象，以免发生危险。

1. UT890C+数字式万用表

UT890C+是一款性能稳定、高可靠性手持式 3 5/6 位真有效值数字多用表，整机电路设计以大规模集成电路为核心，配以全功能过载保护，可用来测量：直流和交流电压、电流，电阻、电容、频率、温度、二极管、三极管及电路通断，是用户的理想工具。图 7-9 为 UT890C+数字万用表的面板。

（1）操作前注意事项。

① 开机后，如果内置的电池电压不足，在显示器上将显示电池电压过低提示符，这时则需要更换内置的 9V 电池，以确保测量精度。

② 测试前，量程转换开关应置于正确测量位置。严禁量程转换开关在电压测量或电流测量过程中改变挡位，以免损坏仪表。

③ 数字万用表的表笔插孔一般较多，使用时黑表笔始终插在“COM”插孔中，红表笔根据测量种类和大小插入 V / Ω、mA/μA、20A 等插孔中。插孔旁边注明了该插孔的最大测量值，使用时注意输入电压或电流不要超过该数值。

④ 无法估计被测量的数值时，应选择最高量程挡测量，然后根据显示结果选择合适的量程挡。

⑤ 测量完毕应及时关断电源，将量程转换开关置于“OFF”挡位。长期不用时，应取出电池。

⑥ 测量 45~500Hz 的正弦交流电压或电流，显示其有效值。测量非正弦电量或超出其频率范围时，测量误差会增大。

⑦ 数字万用表里红表笔接触内部电池正极带正电，而黑表笔接触内部电池负极。

（2）UT890C+数字万用表的使用方法。

① 直、交流电压测量。将黑表笔插入“COM”插孔，红表笔插入“V”插孔。 将量程转换开关置于“V−”或“V~”量程挡位，并将测试表笔并联接到待测电源或负载两端。测量直流电压时，注意正负之分，仪表显示的极性为红色表笔所接的端子。如果仪表显示“OL”，表示过量程，量程转换开关应置于更高量程挡位。

② 直、交流电流测量。将黑表笔插入“COM”插孔，当测量电流 $I \leqslant 600$mA 时，红表笔插入“mA/ μA”插孔。当测量电流 $I > 600$mA 时，红表笔插入“20A”插孔。将量程转换开关置于“A−”或“A~”量程挡位，并将测试表笔串联接入到待测负载支路中。测量直流电流时，注意正负之分。当直流电流由红色表笔流入时，仪表显示为正。

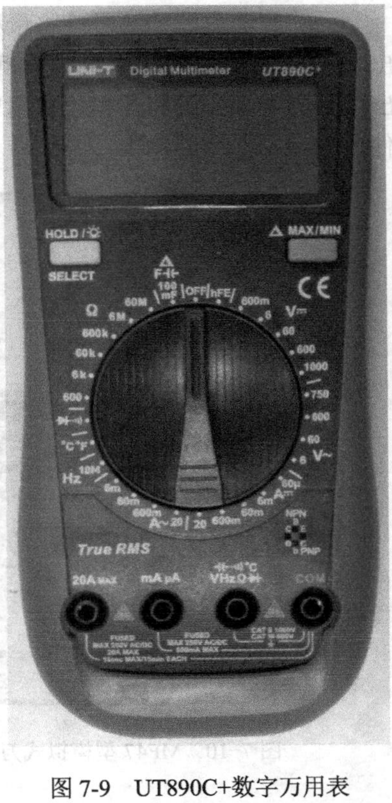

图 7-9　UT890C+数字万用表

③ 电阻测量。严禁带电测量电阻。测量 20Ω以下的小

电阻时，应先将两表笔短接，测出表笔及连线的电阻（如 0.2Ω），然后在测量值中减去这一数值。测量电阻时，仪表显示值的单位与量程转换开关所处的挡位相对应。如量程转换开关置于 60M 或 6M 挡时，其显示值以 MΩ为单位；置于 600k、60k 或 6k 挡时，其显示值以 kΩ为单位；而置于 600 挡时，其显示值以Ω为单位。

有关电容、频率、温度、二极管、三极管等的测量，这里不做介绍，读者可查相关资料。

2. 模拟（指针）式万用表

模拟（指针）式万用表主要由表头、测量电路和量程转换开关三部分组成，图 7-10 为 MF47 型万用表的外观图。表盘上标有“Ω”的是测量电阻的刻度线，标有“V”、“mA”的是测量交、直流电压及直流电流的刻度线，标有“hFE”的是测量晶体三极管直流放大倍数的刻度线，还有测量电感的刻度线，测量音频电平的刻度线等，配合表头指针可读取相应的测量值。万用表的灵敏度通常以测量电压时每伏若干千欧表示（kΩ / V），并标在表盘上。

模拟式万用表的使用方法及注意事项：

（1）直、交流电压的测量。将量程转换开关旋至“$\underline{V}$”或“$\underset{\sim}{V}$”挡位置，两个表笔并联在待测电源或负载两端。估算被测量的数值而选择适当的量程挡。测量直流电压时应注意正负极性。如果发现表针反向偏转，则说明极性错误，需将两个表笔对调，由此也可判断直流电路的正负极性或电位的高低。

（2）直流电流的测量。将量程转换开关旋至“$\underline{mA}$”挡位置，将表笔串联在电路，即可测出被测电路中的直流电流值。测量时应注意极性，被测电流应从“+”端流入、“-”端流出，否则表头指针将反偏。测量时不可将两个表笔并联在电路上，否则将烧坏表头或内部元件。

图 7-10　MF47 型模拟式万用表

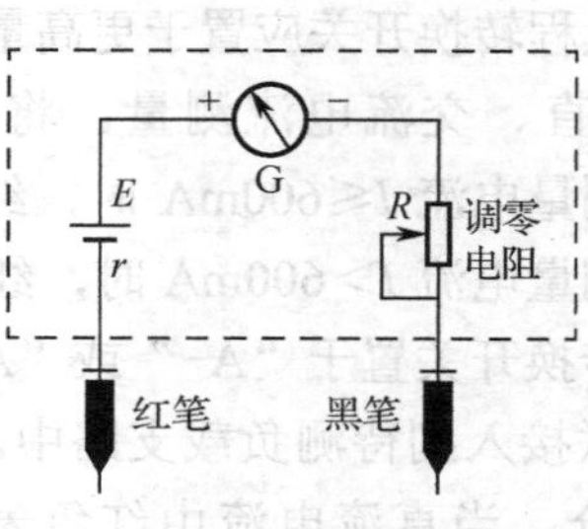

图 7-11　测电阻时的原理接线图

（3）电阻的测量。测量电阻应在电路断电的情况下进行，其原理接线如图 7-11 所示，红表笔接触内置电池负极，黑表笔接触内置电池正极。测量时量程转换开关旋至“Ω”挡位置，选择适当的量程挡，然后将两个表笔短接，并进行调零，使表针指在“Ω”刻度线的零点上，再将两个表笔分开，即可测量电阻值。测量时表针的读数应乘以量程挡的倍率，才是实际所测之值。如量程转换开关旋至 $R\times100$ 量程挡，则表针读数应乘以 100 才是实际的电阻值。

每次换用不同的电阻量程挡时，都必须重新进行调零，否则测出的电阻值不准确。若调零时无法调节表针到零点，则说明万用表内置的电池电压不足，应更换电池。

用 $R\times10\text{k}$ 高阻挡测量电阻时，应防止人体电阻并入待测电阻引起测量误差。由于万用表内置的电池电压低，因此利用高阻挡所测得的电气设备的绝缘电阻值，不能真正反映工作电压条件下的绝缘电阻值。

（4）为减小测量误差，选择量程挡时应使表针尽量处在仪表量程的 2 / 3 以上。

（5）在测量过程中，严禁拨动转换开关选择量程，以免损坏转换开关触点，同时也可避免误拨到过小量程挡而撞弯指针或烧坏表头。

（6）每次使用完毕，应将量程转换开关转到交流电压最高一挡或空挡位置，以防止他人误用造成损坏，也可避免电阻挡上两表笔相碰造成表内置电池长时间耗电。

（7）测量前还要观察一下万用表的表针是否处在零位，如果不处在零位，可用小螺丝刀调节表头上的调零螺丝，使表针处于零位。

7.9　双踪示波器

1. DST4062 数字存储示波器

DST4062 数字存储示波器是一种数字式双踪示波器，能够存储波形和设置信息，具有 60MHz 的宽带选择，以及 500MS/s 的实时取样速率和 2.5K 每通道的存储深度，它能以其全带宽提供精确的实时捕获功能，具有脉冲宽带触发和视频触发等高级触发功能，和多种标准自动测量功能。可通过快速傅里叶变换（FFT）功能观察频率情况和信号强度，并用这一功能对电路进行分析、鉴定和故障排除。

DST4062 数字存储示波器用户界面非常简单，可直接从面板中使用最常用的功能。自动设置功能可自动检测正弦波、方波和视频信号。同时示波器的探头校验向导可协助设定衰减系数，并进行探头补偿。通过示波器所提供的上下文相关菜单、主题索引和超级链接等，使用者可以方便地掌握其操作方法，提高生产和研发的效率。图 7-12 为 DST4000 系列的双通道示波器的外观图。

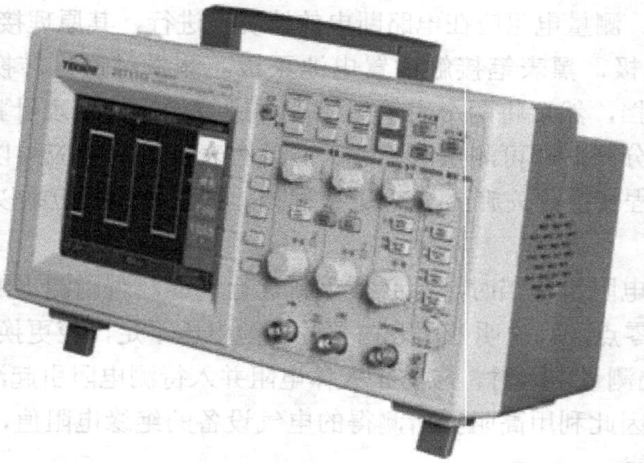

图 7-12　DST4000 系列双通道示波器

（1）示波器主要功能介绍。

① 设置示波器。操作示波器时，需要经常使用三种功能：自动设置、保存设置和调出设置。

自动设置：自动设置功能可自动调整示波器的水平和垂直标定，还可设置触发的耦合、类型、位置、斜率、点评及方式等设置内容，从而获得稳定的波形显示。

保存设置：在预定设置的情况下，示波器每次在关闭前将保存设置，当打开示波器时，示波器自动调出设置。用户可在示波器的存储器里永久保存 10 种设置，并可在需要时重新写入设置。

调出设置：示波器可调出以保存的任何一种设置或预定的厂家设置。

② 触发。触发决定了示波器何时开始采集数据和显示波形，一旦触发被正确设定，它可以把不稳定的显示波形或者空白屏幕转换成有意义的波形。

③ 数据采集。采集模拟数据时，示波器将其转换成数字形式。示波器是以三种不同获取方式来采样波形，分别是采样、峰值和平均值。

④ 缩放和定位波形。通过调整波形的刻度和位置可改变其在屏幕上的显示。刻度被改变时，显示波形的尺寸将被放大和缩小。位置改变时，波形将上下左右移动。

通道参考指示器（位于方格图的左边）指出了被显示的每个波形。指示器表示波形记录的接地电平。

垂直刻度和位置：通过上下移动波形可改变显示波形的垂直位置。为对比数据可将波形移动上下对齐。改变波形的垂直刻度使用“伏/格”旋钮时，显示波形将相对于接地电平在垂直方向上收缩或扩张。

水平刻度和位置：可以调整“水平位置”控制来查看触发前、触发后或触发前后的波形数据。改变波形的水平位置时，实际上改变的是触发位置和显示屏中心之间的时间。

⑤ 波形测量。示波器所显示的电压—时间坐标图，可用来测量所显示的波形。可用多种方法进行测量，可利用屏幕方格刻度、光标或自动测量。

方格刻度：这种方法可用来快速直观地估计波形的频率和电压幅值，可通过方格图的分度及标尺系数进行简单的测量。

例如，可以通过计算相关的主次刻度分度并乘以比例系数来进行简单的测量。如果计算出在波形的最大值和最小值之间有 6 个主垂直刻度分度，并且已知比例系数为 50mV/分度，则可按照下列方法来计算峰峰值电压

$$6\text{分度}\times 50\text{mV/分度}=300\text{mV}$$

光标：这种方法允许用户通过移动光标来进行测量。光标总是成对出现，显示的读数即为测量的数值。共有两种类型的光标：幅度和时间光标。幅度光标：幅度光标显示为水平虚线，用来测量垂直方向上的参数。时间光标：时间光标显示为垂直虚线，用来测量水平方向上的参数。

使用光标时，要确保将“信源”设置为显示屏上想要测量的波形。要使用光标可按下“光标”按钮。

自动测量：在自动测量方式下，示波器自动进行所有的计算工作。由于这种测量利用波形记录点，所以相对方格图和光标测量，自动测量具有更高的准确度。自动测量用读数显示测量结果，并且读数随示波器采集的新数据而周期性的修改。

（2）示波器的基本操作。

示波器的面板被分为几个易操作的功能区。

① **水平控制**。图 7-13 为水平控制的面板。可以使用水平控制来设置波形的两个视图，每个视图都具有自己的水平刻度和位置。水平位置读数显示屏幕中心位置处所表示的时间（将触发时间作为零点）。改变水平刻度时，波形会围绕屏幕中心扩展或缩小。靠近显示屏右上方的读数以秒为单位显示当前的水平位置。M 表示“主时基”，W 表示“视窗时基”。示波器还在刻度顶端用一个箭头图标来表示水平位置。

“水平位置”旋钮：用来控制触发相对于屏幕中心的位置。

“设置为零”按钮：用来将水平位置设置为零。

“秒/格”旋钮：用来改变水平时间刻度，以便水平放大或压缩波形。如果停止波形采集（使用“运行或停止”或“单次序列”（SINGLE SEQ）按钮实现），“秒/格”控制就会扩展或压缩波形。

② **垂直控制**。图 7-14 为垂直控制的面板，可用来显示和删除波形，调整垂直刻度和位置、设置输入参数，以及进行数学计算。每个通道都有单独的菜单，可以对每个通道进行单独设置。菜单描述如下：

“垂直位置”旋钮：在屏幕上，上下移动通道波形。

菜单（CH1、CH2）：显示“垂直”菜单选择项打开或关闭对通道波形的显示，见表 7-2。

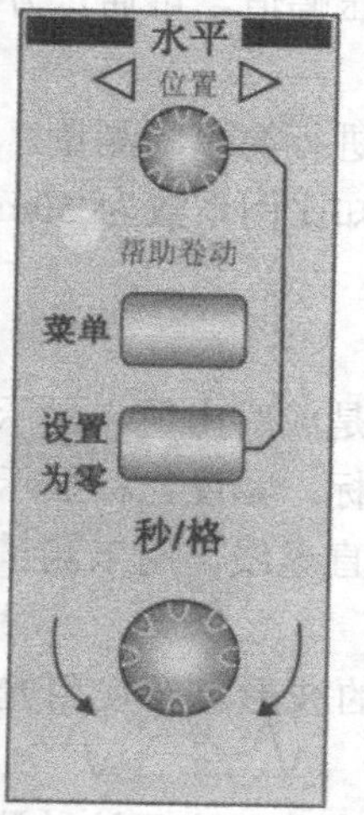

图 7-13　水平控制的面板

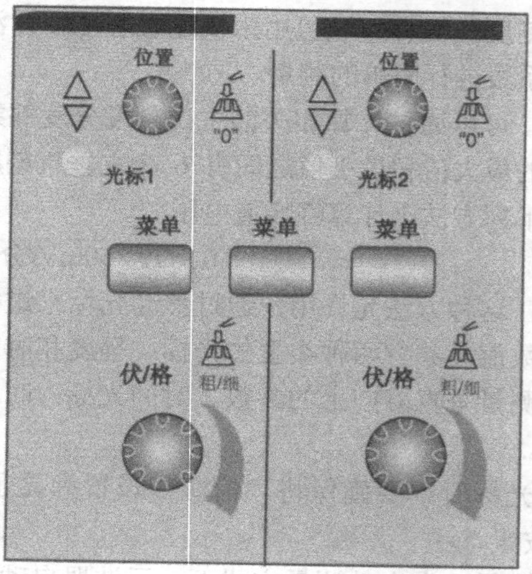

图 7-14　垂直控制的面板

表 7-2　垂直控制面板中的菜单

选项	设定	说明
耦合	直流 交流 接地	“直流”通过信号的交流和直流成分（即直接耦合）。 “交流”阻挡输入信号的直流分量，并衰减低于 10Hz 的信号。 “接地”断开输入信号。在内部，通道输入与零伏特参考电平连接
带宽限制	开（20MHz）	打开限制带宽，以减少显示噪声；过滤信号，减少噪声和其他多余高频分量
伏/格	粗调 细调	选择“伏/格”旋钮的分辨率。 粗调定义为 1-2-5 序列。细调降分辨率改为粗调设置间的小步进
探头衰减	1×、10×、 100×、1000×	根据探头衰减系数选取其中一个值，以保持垂直标尺读数。使用 1×探头时带宽减小到 6MHz
反向	开、关	相对于参考电平反相（倒置）波形

③ **触发控制**。触发类型主要分为三种：“边沿”、“视频”和“脉冲宽度”。常用的是边沿触发。

④ **菜单和控制按钮**。图 7-15 所示为菜单和控制按钮的面板。

保存/调出(SAVE/RECALL)：显示设置和波形的“保存/调出”菜单。

测量（MEASURE）：显示“自动测量”菜单。

采集（ACQUIRE）：显示“采集”菜单。

光标（CURSOR）：当显示“光标”菜单并且光标被激活时，“垂直位置”控制方式可以调整光标的位置。离开“光标”菜单后，光标保持显示（除非类型选项设置为“关闭”），但不可调整。

辅助功能（DISPLAY）：显示“辅助功能”菜单。

帮助（HELP）：显示“帮助”菜单。

默认设置（DEFAULT SETUP）：调出厂家设置。

自动设置（AUTO SET）：自动设置示波器控制状态，以产生适用于输出信号的显示图形。

单次序列（SINGLE SEQ）：采集单个波形，然后停止。

运行/停止（RUN/STOP）：连续采集波形或停止采集。

打印（PRINT）。

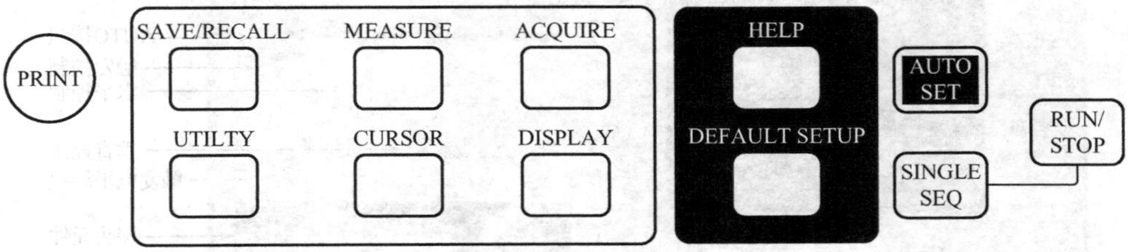

图 7-15　示波器菜单和控制按钮

⑤ **信号连接端口。**示波器的连接端口如图 7-16 所示。

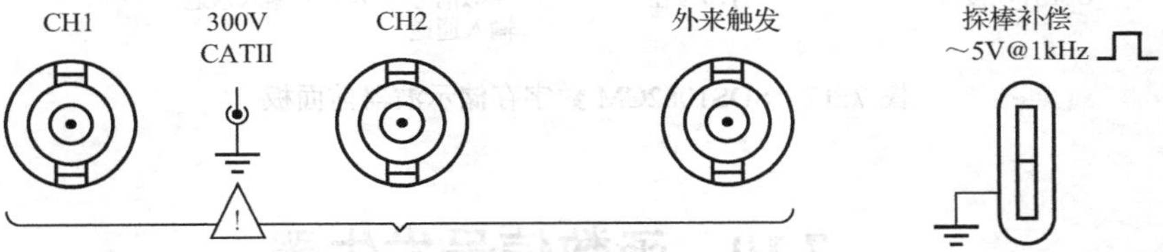

图 7-16　示波器连接端口

探棒补偿：电压探头补偿输出及接地。用于使探头与示波器电路互相匹配。

CH1、CH2：用于显示波形的输入连接器。

外来触发：外部输入触发源的输入连接器。在“触发”菜单中选择“外部”或“外部/5”触发源。

2．SDS1062CM 数字存储示波器

SDS1062CM 数字存储示波器采用彩色 TFT-LCD 显示及弹出式菜单显示，实时采样率最高 1GSa/s、存储深度最高 2Mpts，3 种光标模式、32 种自动测量种类。

SDS1062CM 数字存储示波器主要功能及面板与 DST4062 数字存储示波器的基本相同，可参照 DST4062 的介绍。图 7-17 为 SDS1062CM 数字存储示波器前面板图。

SDS1062CM 数字存储示波器提供简单而明晰的前面板，这些控制按钮按照逻辑分组显示，只需选择相应按钮进行基本的操作。示波器面板上包括旋钮和功能按键。显示屏右侧的一列 5 个灰色按键为菜单操作键，可设置当前菜单的不同选项。其他按键为功能键，可进入不同的功能菜单或直接获得特定的功能应用。

SDS1062CM 数字存储示波器有一个特殊的旋钮，即“万能”旋钮，利用此旋钮可以对释抑时间、光标测量、脉宽设置、视频触发中指定行、滤波器频率上下限进行调整、调整 PASS/FAIL 功能中规则的水平垂直容限范围，以及对波形录制功能中录制和回放波形帧数的调节等；还可通过旋转“万能”旋钮来调节存储/调出设置、波形、图像的存储位置。对于菜单的选项都可通过旋转“万能”旋钮来调节。在旋钮上方灯不亮时旋转旋钮则调节示波器波形亮度。

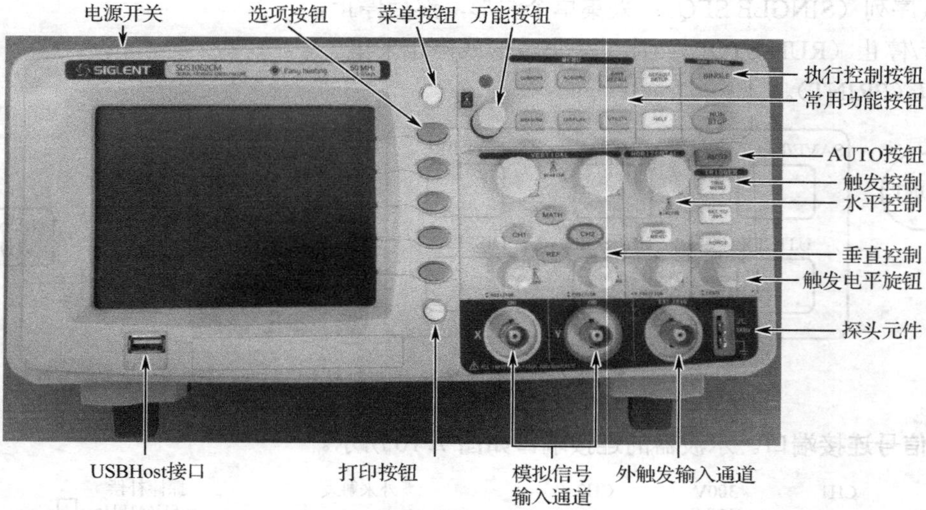

图 7-17　SDS1062CM 数字存储示波器前面板

7.10　函数信号发生器

1. SP1641B 函数信号发生器

SP1641B 函数信号发生器采用大规模单片集成精密函数发生器电路，使得该机具有很高的可靠性及优良性能/价格比，能进行整周期频率测量和智能化管理，对于输出信号的频率幅度用户可以直观、准确地了解到（特别是低频时亦是如此），因此极大地方便了用户。由于采用了精密电流源电路，使输出信号在整个频带内均具有相当高的精度，同时多种电流源的变换使用，使仪器不仅具有正弦波、三角波、方波等基本波形，更具有锯齿波、脉冲波等多种非对称波形的输出，同时对各种波形均可以实现扫描功能。

（1）前面板各部分功能介绍。

图 7-18 为 SP1641B 函数信号发生器的前面板示意图。

频率显示窗口：显示输出信号的频率或外测频信号的频率。

幅度显示窗口：显示函数输出信号的幅度（峰-峰值）

扫描宽度调节旋钮：调节此电位器可调节扫频输出的频率范围。在外测频时，将旋钮逆时针旋到底（绿灯亮），为外输入测量信号经过低通开关进入测量系统。

扫描速率调节旋钮：调节此电位器可以改变内扫描的时间长短。在外测频时，将旋钮逆时针旋到底（绿灯亮），在外输入测量信号经过衰减“20dB”进入测量系统。

扫描/计数输入插座：当“扫描/计数按钮⑬功能选择在外扫描状态或外测频功能时，外扫描控制信号或外测频信号由此输入。

TTL 信号输出端：输出标准的 TTL 幅度的脉冲信号，输出阻抗为 600Ω。

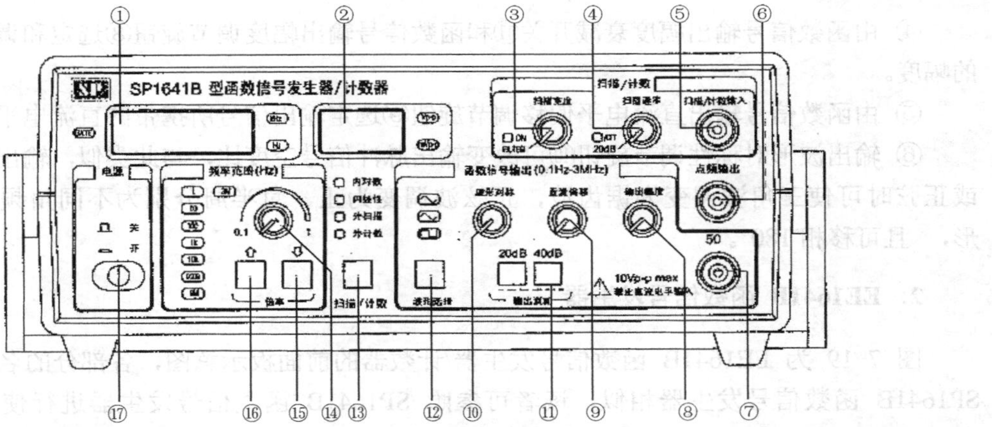

1—频率显示窗口；2—幅度显示窗口；3—扫描宽度调节旋钮；4—扫描速率调节旋钮；5—扫描/计数输入插座；6—TTL 信号输出端；7—函数信号输出端；8—函数信号输出幅度调节旋钮；9—函数信号输出直流电平偏移调节旋钮；10—输出波形对称性调节旋钮；11—函数信号输出幅度衰减开关；12—函数输出波形选择按钮；13—扫描/计数按钮；14—频率微调旋钮；15—倍率选择按钮；16—倍率选择按钮；17—整机电源开关

图 7-18　SP1641B 函数信号发生器前面板示意图

函数信号输出端：输出多种波形受控的函数信号，输出幅度 $20V_{PP}$（1MΩ 负载），$10V_{PP}$（50Ω 负载）。

函数信号输出幅度调节旋钮：调节范围 20dB。

函数输出信号直流电平偏移调节旋钮：调节范围：−5V ~ +5V（50Ω 负载），当电位器处在关位置时，则为 0 电平。

输出波形对称性调节旋钮：调节此旋钮可改变输出信号的对称性。当电位器处在关位置时，则输出对称信号。

函数信号输出幅度衰减开关："20dB"、"40dB" 键均不按下，输出信号不经衰减，直接输出到插座口。"20dB"、"40dB" 键分别按下，则可选择 20dB 或 40dB 衰减。

函数输出波形选择按钮：可选择正弦波、三角波、脉冲波输出。

扫描/计数按钮：可选择多种扫描方式和外测频方式。

频率微调旋钮：调节此旋钮可微调输出信号频率，调节基数范围为 0.3～3Hz。

倍率选择按钮：每按一次按钮可递减输出频率的 1 个频段。

整机电源开关：此按键按下时，机电电源接通，整机工作。此键释放为关掉整机电源。

（2）SP1641B 函数信号发生器的使用。

这里主要介绍 50Ω 主函数信号输出。

① 以终端连接 50Ω 匹配器的测试电缆，由函数信号输出端⑦输出函数信号。

② 由倍率选择按钮⑮或⑯选定输出函数信号的频段，由频率微调旋钮⑭调整输出信号频率，直到所需的工作频率值。

③ 由函数输出波形选择按钮⑫选定输出函数的波形，分别获得正弦波、三角波、脉冲波。

④ 由函数信号输出幅度衰减开关⑪和函数信号输出幅度调节旋钮⑧选定和调节输出信号的幅度。

⑤ 由函数信号输出直流电平偏移调节旋钮⑨选定输出信号所携带的直流电平。

⑥ 输出波形对称性调节旋钮⑩可改变输出脉冲信号空度比，与此类似，输出波形为三角或正弦时可使三角波调变为锯齿波，正弦波调变为正、负半周分别为不同角频率的正弦波形， 且可移相 180°。

2．EE1641B 函数信号发生器

图 7-19 为 EE1641B 函数信号发生器/计数器的前面板示意图，各部分的名称和作用与 SP1641B 函数信号发生器相似，读者可参照 SP1641B 函数信号发生器进行使用。但要注意，EE1641B 函数信号发生器的幅度显示窗口，显示函数输出信号的峰值。

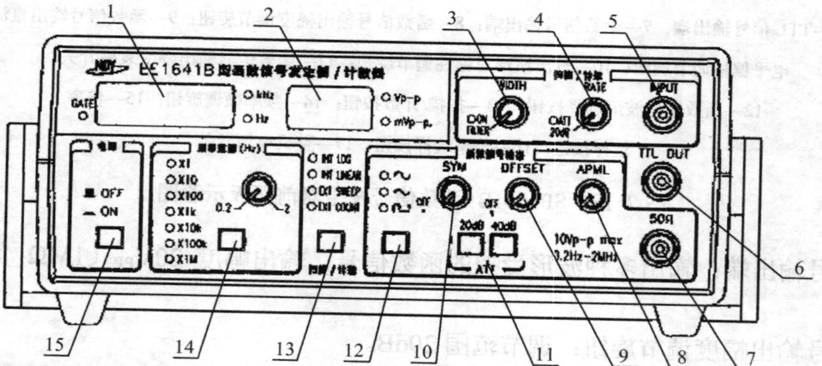

1—频率显示窗口；2—幅度显示窗口；3—扫描宽度调节旋钮；4—扫描速率调节旋钮；5—外部输入插座；6—TTL 信号输出端；7—函数信号输出端；8—函数信号输出幅度调节旋钮；9—函数信号输出直流电平预置调节旋钮；10—输出波形对称性调节旋钮；11—函数信号输出幅度衰减开关；12—函数输出波形选择按钮；13—“扫描/计数”按钮；14—频率范围选择旋钮；15—整机电源开关

图 7-19 EE1641B 型函数信号发生器/计数器的前面板示意图

3．SFG-1003 型函数信号发生器

SFG-1003 信号发生器使用直接数字合成的方式（DDS），可产生高分辨率且稳定的输出频率。图 7-20 为 SFG-1003 型函数信号发生器的前面板示意图，各部分功能及使用介绍如下。

（1）电源开关：按 POWER 按钮，打开电源，数码管开始显示。再按一次，则关闭电源。

（2）输出波形显示：显示输出波形为正弦波、方波、三角波。

（3）TTL 输出的指示灯：当输出 TTL 信号时，该指示灯亮。

（4）数码管：6 位数码管，显示当前设定的频率值。

（5）频率单位：Hz、kHz、MHz。

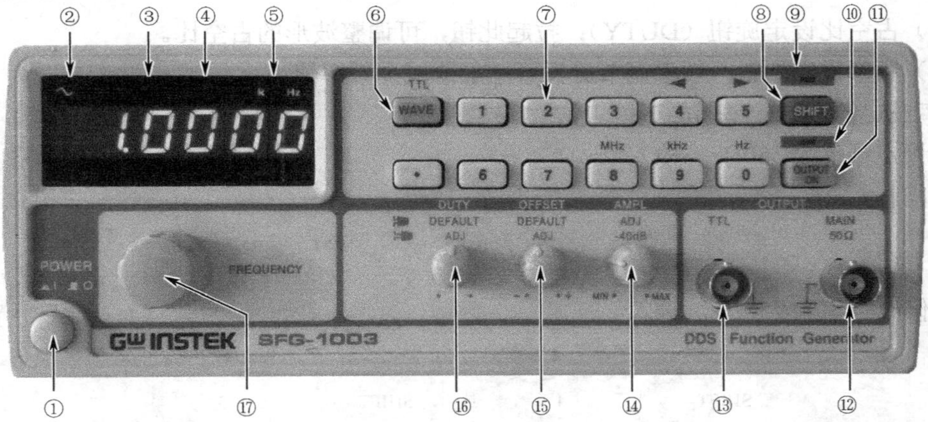

1—电源开关；2—输出波形显示；3—TTL 输出的指示灯；4—数码管；5—频率单位；6—波形选择按钮；
7—数字键等；8—SHIFT 键；9—SHIFT 键的指示灯；10—输出指示灯；11—OUTPUT ON 按钮；
12—主输出（50Ω 输出阻抗）接口；13—TTL 输出接口；14—输出振幅控制和衰减旋钮；
15—直流偏置电压设定旋钮，16—占空比设定旋钮；17—频率设定旋钮

图 7-20　SFG-1003 型函数信号发生器的前面板示意图

（6）波形选择按钮（WAVE）：按此钮以正弦波、方波、三角波的顺序选择输出信号的波形。

（7）数字键等：数字 0-9 和“.”键，蓝色字体的键。

（8）SHIFT 键：次功能键，由 SHIFT 键和一些蓝色字体数字键的复合使用。

SHIFT + WAVE（TTL）	TTL 输出 ON 或 OFF 切换	SHIFT + 8（MHz）	以 MHz 为单位，结束频率输入
SHIFT + 4（◄）	光标闪烁左移一位	SHIFT + 9（kHz）	以 kHz 为单位，结束频率输入
SHIFT + 5（►）	光标闪烁右移一位	SHIFT + 0（Hz）	以 Hz 为单位，结束频率输入

（9）SHIFT 键的指示灯：按下 SHIFT 键时，选择次功能，该指示灯亮起。

（10）输出指示灯：输出开启时该指示灯亮起。

（11）OUTPUT ON 按钮：波形输出控制键。

（12）主输出（50Ω 输出阻抗）接口：输出多种波形的函数信号。

（13）TTL 输出接口：输出标准的 TTL 幅度的脉冲信号。

（14）输出振幅控制和衰减旋钮（AMPL）：顺时针旋转此钮以取得最大输出，逆时针旋转此钮以取得最小输出，拉出此钮可得到 40dB 输出衰减。

（15）直流偏置电压设定旋钮（OFFSET）：拉起此钮，在+5V 和−5V 之间（加 50Ω 负载）调整波形的 DC 偏置，顺时针旋转此钮可设定正向的 DC 准位波形，逆时针旋转此钮可设定负向的 DC 准位波形。

（16）占空比设定旋钮（DUTY）：拉起此钮，可调整波形的占空比。

（17）频率设定旋钮：频率调节旋钮可增加或减少频率值。

频率设定的方法，举例如下：

① 设定频率为350Hz，输入

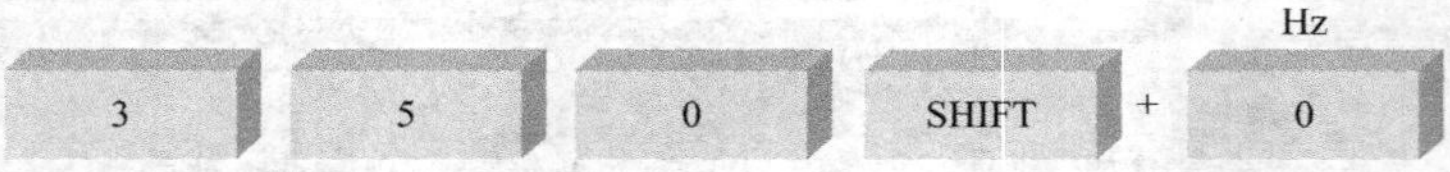

② 修改频率为750Hz，输入

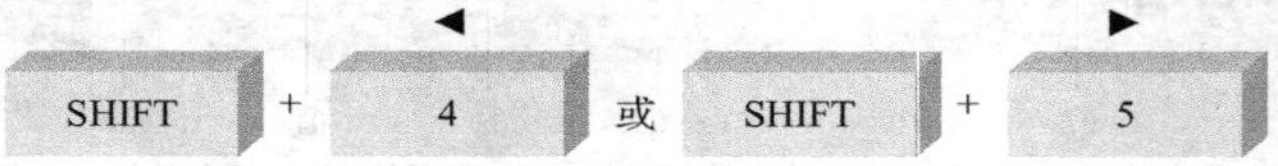

光标移动到 3 的位置，使其闪烁，然后顺时针旋转⑰频率设定旋钮，直到 7 的数字为止。

7.11　AS2294D 双通道交流毫伏表

AS2294D 双通道交流毫伏表分别由两组性能相同的集成电路及晶体管组成的高稳定度的放大器电路和表头指示电路等组成，其表头采用同轴双指针式电表，可十分清晰、方便地进行双路交流电压的测量和比较，“同步-异步”操作，给立体声双通道的测量带来极大的便利。

1—左通道输入量程旋钮（灰色）；2—右通道输入量程旋钮（桔红色）；3—左通道输入插座（LCH）；
4—右通道输入插座（RCH）；5—“同步/异步”按键；6—电源开关

图 7-21　AS2294D 双通道交流毫伏表

AS2294D 交流毫伏表测量电压的频率范围宽（5Hz～2MHz），测量电压灵敏度高（30mV～300V，13 挡），本机噪声低（典型值为 7μV），测量误差小（整机工作误差≤3%典型值），并具有相当好的线性度。它广泛应用于收音机、CD 机、电视机等生产厂的生产线，修理部门，设计部门，科研单位及学校实验室等。

图 7-21 为 AS2294D 双通道交流毫伏表的面板图，下面简要介绍使用方法。

（1）AS2294D 双通道交流毫伏表由两个电压表组成，异步工作时是两个独立的电压表，可作两台单独电压表使用。左通道（灰色）、右通道（桔红色），其旋钮、量程挡位、指针分别对应其颜色使用。

一般测量二个电压量程相差比较大的情况下，如测量放大器增益，可用异步工作状态。

（2）AS2294D 双通道交流毫伏表同步工作时，可由一个通道量程控制旋钮同时控制二个通道的量程，这特别适用于立体声或者二路相同放大特性的放大器情况下作测量。

使用 AS2294D 测量 30V 以上的电压时，需注意安全；另外所测交流电压中的直流分量不得大于 100V。在接通电源及输入量程轮换时，由于电容的放电过程，指针有所晃动，需待指针稳定后读取读数。

（3）浮置方式测量使用

① 在音频信号传输中，有时需要平衡传输，此时测量其电平时，不能采用接地型式，需要浮置测量。

② 在测量 BTL 放大器时（如大功率 BTL 功放），输出两端任一端都不能接地，否则将会引起测量不准甚至烧坏功放，这时宜采用浮置方式测量。

③ 某些需要防止地线干扰的放大器、或带有直流电压输出的端子及元器件，二端电压的在线测试等均可采用浮置方式测量，以免由于公共接地带来的干扰或短路。

7.12　功率表的使用及正确接线

1．智能交流功率表

智能交流功率表由一套微电脑，高速、高精度 A/D 转换芯片和全数显电路构成。为了提高测量范围和测试精度，将被测电压、电流瞬时值的取样信号经 A/D 变换，采用专用 DSP 计算。可测量负载的有功功率、无功功率、功率因数、电压、电流、频率及负载的性质（感性、容性、阻性），通过键控开关、数显窗口，选择显示被测量的数值。电压、电流量程分别为 450V、2A，设有过流保护。

接线时，两个电压端子要并联接入被测电路，两个电流端子要串联接入被测电路。通常情况下，电压端子和电流端子的带有“*”标端应短接在一起。

2．模拟（指针）式交流功率表

模拟（指针）式功率表（又称瓦特表）是电动系仪表，用于电路中测量电功率，其测量结构主要由固定的电流线圈和可动的电压线圈组成，接线时电流线圈与负载串联，反映负载的电流；电压线圈与负载并联，反映负载的电压。

模拟（指针）式功率表分为低功率因数功率表和高功率因数功率表。电路实验室中用到两种型号的功率表：D34-W 型功率表，属于低功率因数功率表，$\cos\varphi$=0.2；D26-W 型功率表，属于高功率因数功率表，$\cos\varphi=1$。下面以 D34–W 型功率表为例，对功率表的使用方法进行介绍，其他型号功率表的使用方法与其基本类似。

（1）量程选择。

功率表的电压量程和电流量程根据被测负载的电压和电流来确定，要大于被测电路的电压、电流值。只有保证电压线圈和电流线圈都不过载，测量的功率值才准确，功率表也不会被烧坏。

图 7–22（a）所示为 D34–W 型功率表的面板图。电压接线柱中带有“*”标端的接线柱为公共端，另外三个为电压量程选择端。四个电流接线柱通过不同的连接方式来改变量程，即：通过活动连接片使两个 1A 的电流线圈串联，得到 1A 的量程，见图 7–22（b）；通过活动连接片使两个电流线圈并联，得到 2A 的量程，见图 7–22（c）。

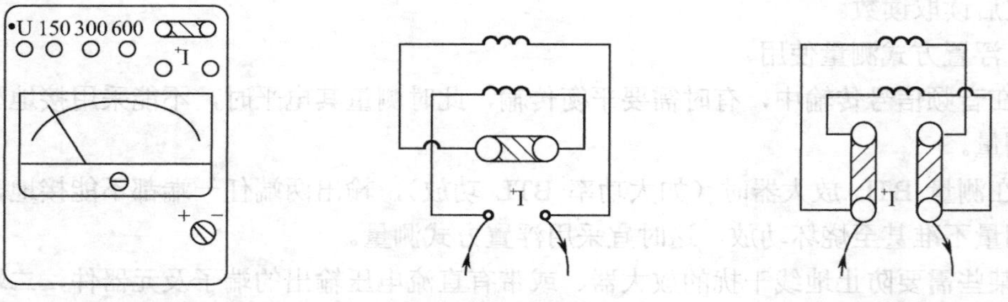

（a）功率表面板图　　（b）两电流线圈串联　　（c）两电流线圈并联

图 7–22　D34–W 型功率表

（2）功率测量线路的连接方法。

用功率表测量功率时，需使用四个接线柱，两个电压线圈接线柱和两个电流线圈接线柱，电压线圈要并联接入被测电路，电流线圈要串联接入被测电路。通常情况下，电压线圈和电流线圈的带有“*”标端应短接在一起，否则功率表除反偏外，还有可能损坏。

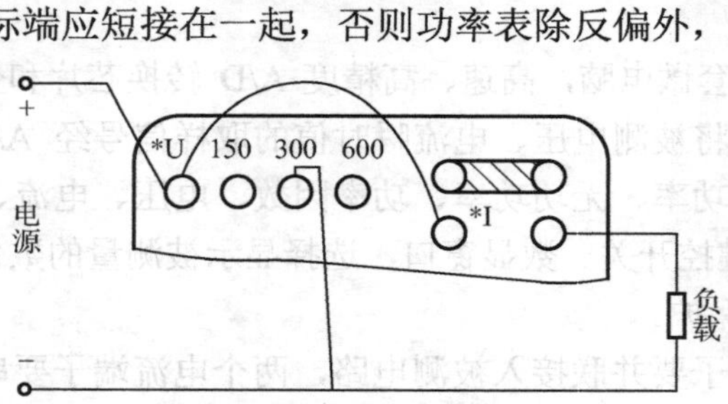

图 7–23　功率表测量线路连接示例

图 7–23 为功率表测量线路的实际连线实例，根据电路参数，选择电压量程为 300V，电流量程为 1A（串联）。

（3）功率表的读数。

模拟（指针）式功率表与其他仪表不同，功率表的表盘上并不标明瓦特数，而只标明分格数，所以从表盘上并不能直接读出所测的功率值，而须经过计算得到。当选用不同的电压、电流量程时，每分格所代表的瓦特数是不相同的，设每分格代表的功率为 C_W，则：

$$C_W = \frac{\text{电压量程(V)}\times\text{电流量程(A)}\times\text{表}\cos\varphi}{\text{表盘满刻度数}}\text{(瓦 / 格)} \tag{7-1}$$

对于 D34-W 型功率表，表的 $\cos\varphi=0.2$，表盘满刻度数为 120 格，在图 7-23 所示的量程选择下，每分格所代表的瓦特数 C_W 为

$$C_W = \frac{300\times1\times0.2}{120}\text{(瓦 / 格)} = 0.5\text{(瓦 / 格)}$$

通过每分格所代表的瓦特数 C_W 值和仪表指针偏转后指示格数 n，即可求出被测功率

$$P=C_W\times n \tag{7-2}$$

（4）使用注意事项。

① 测量时，如遇仪表指针反向偏转，应改变仪表面扳上的“+”、“-”换向开关极性，切忌互换电压接线，以免使仪表产生误差。

② 功率表与其他指示仪表不同，指针偏转大小只表明功率值，并不显示仪表本身是否过载，有时表针虽未达到满度，只要 U 或 I 之一超过该表的量程就会损坏仪表，故在使用功率表时，通常需接入电压表和电流表进行监控。

③ 功率表所测功率值包括了其本身电流线圈或电压线圈的功率损耗，所以在作准确测量时，应从测得的功率中减去线圈消耗的功率，才是所求负载消耗的功率。

（5）功率表电压线圈的接法。

电压线圈支路的接法有两种方法：电压线圈支路前接法和电压圈支路后接法。

① 电压线圈支路前接法。由图 7-24（a）可见，电压、电流线圈主要考虑电阻时，用有效值表示的功率表电压线圈两端的电压

$$U = U_{WA} + U_A + U_L$$

式中 U_{WA} 为功率表电流线圈两端电压；U_A 为电流表两端电压；U_L 为负载 R_L 两端电压。则功率表的读数

$$P = IU = I^2(R_{WA}+R_A)+P_L \tag{7-3}$$

因而产生误差

$$\Delta P = I^2(R_{WA}+R_A) \tag{7-4}$$

误差ΔP 视具体线路而定。为减小测量误差，应使ΔP 越小越好，故这种电路适用于 $R_L>>(R_{WA}+R_A)$的场合。

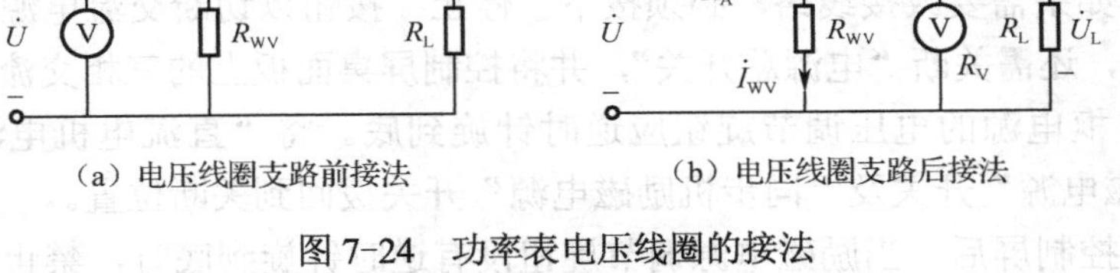

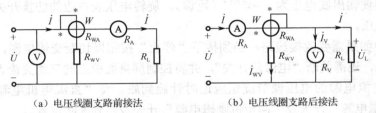

图 7-24　功率表电压线圈的接法

② 电压线圈支路后接法。由图 7-24（b）可见，用有效值表示时，根据 KCL 定律可得

$$I = I_{WV} + I_V + I_L = U_L(\frac{1}{R_{WV}} + \frac{1}{R_V}) + I_L$$

则功率表的读数

$$P = IU_L = U_L^2(\frac{1}{R_{WV}} + \frac{1}{R_V}) + P_L \tag{7-5}$$

因而产生误差

$$\Delta P = U_L^2(\frac{1}{R_{WV}} + \frac{1}{R_V}) \tag{7-6}$$

误差ΔP 视具体线路而定。为减小测量误差，应使ΔP 越小越好，这种电路适用于$R_{WV}>>R_L$ ，$R_V>>R_L$的场合。

7.13　THHDZ-3 型大功率电机综合实验装置

THHDZ-3 型大功率电机综合实验装置，通过不同的挂件可满足不同的实验目的，实验中开启及关闭电源都在控制屏上操作。

1．实验装置开启三相交流电源的步骤

（1）将电源控制屏的电源线接入对应的三相电源，开启电源前。要检查控制屏下面“直流电机电源”的“电枢电源”开关及“励磁电源”开关，还有“同步机励磁电源”开关都要在关断的位置。控制屏桌面板上的三相调压器旋钮必须在零位（即必须将它向逆时针方向旋转到底），直流电枢电源的电压调节旋钮应逆时针旋转到底。

（2）检查无误后，合上控制屏左侧端面上带漏电保护的三相空气开关（电源总开关），此时控制屏的控制部分（电网电压显示，直流电源显示工作）、屏上的电源插座得电。“停止”按钮指示灯亮，表示实验装置的进线接到电源，但还不能输出电压。此时在电源输出端进行实验电路接线操作是安全的。

（3）按下“启动”按钮，“启动”按钮指示灯亮，表示三相交流调压的输入端 U_1、V_1、W_1、N_1 插孔已经接入到三相交流电网，插孔 U、V、W 及 N 三相交流调压电源输出，通过三相交流调压器使输出线电压为 0~450V（可调）。旋转电压表右边的切换开关，它指示三相电网进线的线电压。

（4）实验中如果需要改接线路，必须按下“停止”按钮以切断交流电源，保证实验操作安全。实验完毕，还需关断“电源总开关”，并将控制屏桌面板上的三相交流调压器旋钮调回到零位，直流电枢电源的电压调节旋钮应逆时针旋到底。将“直流电机电源”的“电枢电源”开关、“励磁电源”开关及“同步机励磁电源”开关拨回到关断位置。

注意：启动控制屏后，当励磁电源调节旋钮没有逆时针旋到底时，禁止直接打开励磁电源开关，应先将励磁电压调节电位器逆时针旋到底，再打开励磁电源开关，否则会导致过压现象。

2．定时器兼报警记录仪操作使用

采用蓝屏液晶显示器，中文菜单显示，直观、清晰。通过键控单元完成时间设定、定时报警设定、解除设置等操作，具有切断电源及记录各种告警次数等功能。

（1）上电。接通电源时，会听到“嘀”的一声，液晶屏显示时间和日期。

（2）查询报警。

① 按【功能】键，把光标移到“查询报警”的位置。

② 按【确定】键，液晶屏上面一行显示“漏电”，“过流”，下面一行显示“超量程”。当控制屏发生漏电告警时，“漏电”记录一次；当控制屏发生超量程告警时，“超量程”记录一次；该控制屏“过流”报警功能未使用。

③ 按【复位】键返回。

注意：a．反复地启动和停止控制屏，会导致液晶报警记录仪屏幕出现显示不正常现象，但不影响计数时间和故障记录，按复位按钮即可恢复正常。

b．长时间按复位键或连续按复位键的时间比较短，会造成跳屏现象，属于正常现象。

7.14　三相大功率可调式变阻箱

三相大功率可调式变阻箱，用作负载，图 7-25 所示为三相大功率可调式变阻箱的面板图，图中 S_1～S_6 为六个三相联动的旋钮开关，保证三相负载电阻对称，其中每相负载电阻由六个相同电阻并联而成，见图 7-26。

三相大功率可调式变阻箱，①在三相异步电动机实验中可作起动电阻，限制电动机起动电流；②在直流电动机实验中可作起动电阻，限制电动机起动电流；③可作直流发电机的负载电阻，通过改变负载变阻箱来观察电动机的机械特性和人为特性；④可作变压器实验的负载电阻。

如果变阻箱作单相负载电阻使用时，根据负载电流的大小，可使用一相、两相或三相并联或串联后接入电路。但是要注意，两相或三相负载电阻并联输出时不可接成短路，以免因短路而烧毁设备。

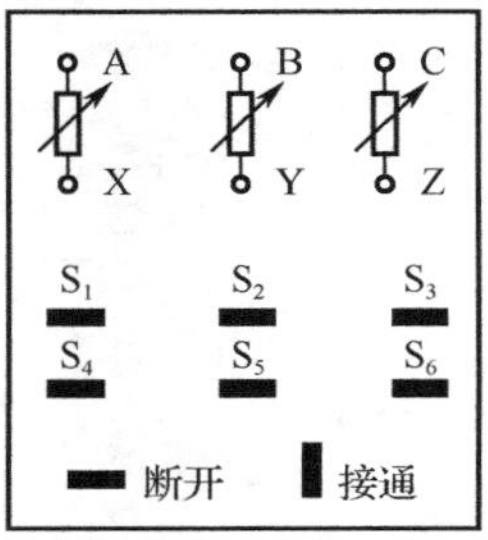

图 7-25　三相大功率可调式变阻箱面板图

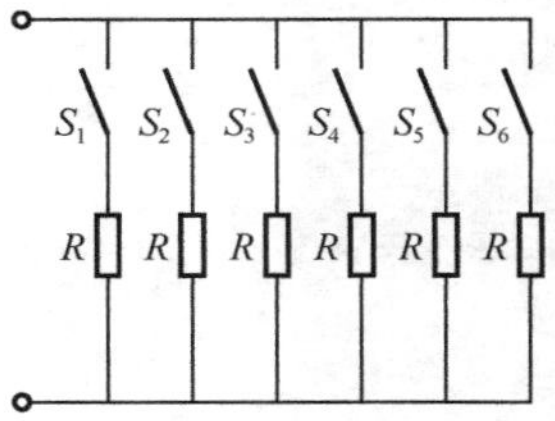

图 7-26　变阻箱一相原理图

参考文献

[1] 陈佳新，陈炳煌. 电路基础[M]. 北京：机械工业出版社，2014.

[2] 陈佳新. 电路实验[M]. 杭州：浙江大学出版社，2013.

[3] 余佩琼，孙惠英. 电路实验教程[M]. 北京：人民邮电出版社，2010.

[4] 邱关源，罗先觉. 电路[M]. 5 版. 北京：高等教育出版社，2006.

[5] 付家才. 电工实验与实践[M]. 北京：高等教育出版社，2004.

[6] 汪建. 电路实验[M]. 武汉：华中科技大学出版社，2003.